セルロースの科学

磯貝 明 [編集]

朝倉書店

執筆者

磯貝　明	東京大学大学院農学生命科学研究科
種田　英孝	日本製紙株式会社
松本　雄二	東京大学大学院農学生命科学研究科
杉山　淳司	京都大学木質科学研究所
西山　義春	東京大学大学院農学生命科学研究科
鮫島　正浩	東京大学大学院農学生命科学研究科
山根　千弘	神戸女子大学家政学部
岡島　邦彦	旭化成株式会社
近藤　哲男	九州大学大学院農学研究院
遠藤　貴士	独立行政法人 産業技術総合研究所
長谷川　修	日清紡績株式会社
中塚　修志	ダイセル化学工業株式会社
村山　雅彦	富士写真フイルム株式会社
大西　雅也	ダイセル化学工業株式会社
野村　忠範	旭化成株式会社
濱野　浩光	ダイセル化学工業株式会社
中村　洋之	ダイセル化学工業株式会社
早川　和久	信越化学工業株式会社
柴田　徹	ダイセル化学工業株式会社
岡山　隆之	東京農工大学農学部
中川　善博	凸版印刷株式会社
八木　茂幸	住友ベークライト株式会社
中山　榮子	昭和女子大学生活科学部
山中　茂	信州大学繊維学部
藤原　和弘	中外テクノス株式会社
西尾　嘉之	京都大学大学院農学研究科
空閑　重則	東京大学大学院農学生命科学研究科
野尻　昌信	独立行政法人 森林総合研究所
棚橋　光彦	岐阜大学農学部
上高原　浩	京都大学大学院農学研究科
小野　博文	旭化成株式会社
田中　良平	独立行政法人 森林総合研究所

(執筆順)

序

　植物の主要構成成分であるセルロースと人類とは，太古の昔から衣・食（食物繊維成分として）・住のすべてにかかわる基本材料として不可欠で密接な関係にあった．やがて産業革命以降，生活文化の向上とともにセルロースは紙パルプ，繊維，高分子化学工業原料の主役として展開していった．その後石炭・石油といった化石資源を原料とする高分子化学の進展速度の急増により，大量生産・大量消費の時代が訪れた．しかし，その間もセルロース系材料の高機能化，生産性の改善，環境・省資源対策は着実に続けられた．その結果，衣・食・住に関連した生活必需品としての基本材料ばかりではなく，電子機器や医療・薬品分野等の最先端材料としての地位を確立し，身近で意外なところに多くのセルロース材料が形を変えて利用されてきた．あわせてセルロースに関する幅広い基礎および応用研究についても，生化学的，有機化学的，ナノレベルの固体構造解析の視点等にもとづいて特に日本において確実に進められ，多くの新しい知見が蓄積されてきている．

　21世紀に入り，化石資源由来の材料・燃料による環境負荷，資源問題がクローズアップされ，二酸化炭素の植物による固定化物である生物資源（バイオマス）の主役として，新たな「環境適応材料」としての価値がセルロースに加えられ，その利用が注目を集めている．これまで合成高分子のみを扱っていた企業の技術者，研究者が積極的にセルロースを研究対象にしていることは，近年のセルロース学会等の活動を見ても明らかである．

　このような背景に基づき，本書ではセルロース材料をこれから学ぼうとする，あるいはある程度セルロース材料を扱ってきた学生，大学院生，研究者，技術者を読者対象とし，セルロースの基礎から応用・最先端の研究レベル，さらには将来の展開の可能性までをできるだけ幅広く，筆者の独りよがりにならないように，わかりやすく紹介することを心がけて編集した．そのための章，節の組立て，話題の選択については，旭化成の山根千弘氏（現在　神戸女子大学）に相談させていただいた．その結果，新進気鋭の研究者による執筆，話題提供となって

おり，セルロースに関心を抱く多くの方々の期待に十分応え得ると考えている．

　最後に，本書の出版にあたり多くのご協力と励ましをいただいた朝倉書店編集部に深く感謝申し上げる．

　2003 年 10 月

磯　貝　　明

目　次

1. セルロースとは　〔磯貝　明〕… 1
　1.1　身のまわりのセルロース … 2
　1.2　セルロースの化学構造 … 2
　1.3　セルロース中に存在するマイナーな官能基 … 5
　1.4　セルロースの平均分子量，分子量分布 … 7
　1.5　セルロース試料 … 9

2. 資源としてのセルロース　〔種田英孝〕… 12
　2.1　木材資源の現状 … 14
　2.2　木材の利用状況 … 16
　2.3　リサイクル資源 … 18
　2.4　エネルギー資源としての活用 … 18

3. 植物資源からセルロースを取り出す　〔松本雄二〕… 19
　3.1　セルロース材料としての植物 … 19
　3.2　実験試料としてのセルロース調製法 … 20
　3.3　木材パルプの製造—化学パルプ化と漂白 … 23

4. 生物による合成と構造の多様性　〔杉山淳司〕… 27
　4.1　バクテリアにおけるセルロース生合成 … 27
　4.2　植物におけるセルロース生合成 … 28
　4.3　セルロース合成酵素の構造について … 30
　4.4　ミクロフィブリル—分子から結晶形成 … 31
　4.5　TCの形態にみられる多様性とセルロースの高次構造 … 33

5. セルロースの強度の秘密—固体構造 〔西山義春〕… 37

- 5.1 強度と構造 … 37
- 5.2 結晶と非晶 … 37
- 5.3 結晶構造 … 41
- 5.4 結晶の弾性率 … 42
- 5.5 膨潤処理 … 42

6. 生物による分解と代謝 〔鮫島正浩〕… 45

- 6.1 セルロースを分解する生物 … 45
- 6.2 セルラーゼの名称とその分類 … 45
- 6.3 セルラーゼによるセルロース分子鎖の加水分解機構 … 47
- 6.4 セルロースミクロフィブリルの分解様式 … 51
- 6.5 糸状菌によるセルロース生分解機構 … 53
- 6.6 セルラーゼの利用 … 54

7. セルロースの反応と性質の変化 〔磯貝 明〕… 56

- 7.1 酸加水分解 … 57
- 7.2 アルカリ分解 … 62
- 7.3 酸 化 … 64
- 7.4 熱 分 解 … 66

8. 溶解と成型 〔山根千弘・岡島邦彦〕… 67

- 8.1 固体構造と溶解 … 67
- 8.2 溶媒と溶解機構 … 71
- 8.3 溶解状態 … 73
- 8.4 構造形成と成型 … 74
- 8.5 代表的な溶解技術と成型技術 … 75

9. セルロースの高付加価値化 … 81

- 9.1 化学的処理による改質 〔近藤哲男〕… 81
  - a. 化学改質の歴史 … 81

b. 構造からみる化学改質の方法 …………………………… 82
　　c. エステル化 …………………………………………………… 86
　　d. エーテル化 …………………………………………………… 89
　　e. 前処理 ………………………………………………………… 91
　9.2 物理的処理による改質 ……………………………〔遠藤貴士〕… 92
　　a. 叩解と粉砕 …………………………………………………… 92
　　b. 粉砕と生成セルロース粒子の性質 ………………………… 93
　　c. 粉砕によるセルロース分子の変化 ………………………… 96
　　d. セルロース微粒子の成形 …………………………………… 97
　　e. 粉砕による複合化 …………………………………………… 99

10. 身のまわりのセルロース …………………………………………101
　10.1　好まれる綿100%の繊維 …………………………〔長谷川　修〕…101
　10.2　ソーセージからスポンジまで—再生セルロースの世界
　　　　　……………………………………………………〔山根千弘〕…103
　10.3　分離膜—水を浄化するセルロース ……………〔中塚修志〕…105
　10.4　写真フィルム, 液晶ディスプレイ用フィルム—画像の舞台
　　　　　……………………………………………………〔村山雅彦〕…108
　10.5　食品および化粧品の中のセルロース …………〔山根千弘〕…111
　10.6　才色兼備なセルロース系プラスチック ………〔大西雅也〕…114
　10.7　セルロース系コーティング用原料の特性 ……〔野村忠範〕…116
　10.8　タバコのフィルターは酢酸セルロース ………〔濱野浩光〕…120
　10.9　人工腎臓用中空糸 ………………………………〔山根千弘〕…121
　10.10　CMCの不思議な世界 …………………………〔中村洋之〕…123
　10.11　生体に安全な医薬用材料 ………………………〔早川和久〕…126
　10.12　光学異性体分離—分子の右手と左手を見分けるセルロース
　　　　　……………………………………………………〔柴田　徹〕…128
　10.13　情報メディアと紙 ………………………………〔岡山隆之〕…130
　10.14　環境にやさしい紙容器 …………………………〔中川善博〕…132
　10.15　プリント基板の秘密 ……………………………〔八木茂幸〕…134
　10.16　セルロースはリサイクル ………………………〔岡山隆之〕…137

11. 期待のセルロース ……………………………………………139

- 11.1 セルロース分子を見る ……………………………〔杉山淳司〕…139
- 11.2 発光する？ セルロース ……………………………〔中山榮子〕…141
- 11.3 アルカリだけで繊維をつくる ……………………〔山根千弘〕…143
- 11.4 微生物が生み出すセルロース ……………………〔山中 茂〕…146
- 11.5 油田で働くセルロース ……………………………〔藤原和弘〕…149
- 11.6 特殊光学素子 ………………………………………〔西尾嘉之〕…151
- 11.7 カーボンナノ材料 …………………………………〔空閑重則〕…154
- 11.8 セルロースからお酒をつくる ……………………〔野尻昌信〕…155
- 11.9 高温高圧水蒸気で形状記憶 ………………………〔棚橋光彦〕…157
- 11.10 粉砕処理で成形材料 ………………………………〔遠藤貴士〕…159
- 11.11 疎水化膜と親水性膜をつくり分け ………………〔山根千弘〕…161
- 11.12 化学的なセルロース合成 …………………………〔上高原浩〕…163
- 11.13 透明セルロースゲルの秘密 ………………………〔小野博文〕…166
- 11.14 高粘度水溶液をつくる疎水化水溶性セルロース誘導体
  ……………………………………………………〔田中良平〕…168

索　　引 …………………………………………………………………171

1. セルロースとは

　セルロースは炭素，水素，酸素を構成元素とするブドウ糖（グルコース）のみからなる多糖類で，そのブドウ糖は植物の光合成によって水と炭酸ガスから生産される．植物体の乾燥重量の40〜70%はセルロースであり，したがって，地球上で最も多量に再生産される生物資源（バイオマス）で，年間生産量は1,000億トン以上と考えられる．食品のナタデココの主成分はセルロースであり，これを生産する酢酸菌のような微生物や，食用にもなる動物のホヤも堅い外套膜にセルロースを生産する．しかし，比率的にみればこれらの微生物，動物による生産はきわめてわずかである．植物体内でのセルロースの主な役割は，構造多糖類として細胞壁を構成し，その細胞が集まって植物体を支えることにあり，このセルロースの有する強度はそのまま現在多方面で利用されているセルロース系材料に求められる基本的な特性である．

　植物細胞壁内では，非セルロース成分であるヘミセルロース，リグニンとセルロースの3成分が一部分子レベルで複合化して存在している．したがって，相対的なセルロース含有量は前述したように40〜70%程度と低くなる．この植物細胞壁からセルロースのみを取り出して利用するには，化学的な作用と熱エネルギーを要する場合が多い（第3章参照）．一方，綿実のように構造多糖としての役割はなく，90%以上の純度の高いセルロースを生産する植物があり，セルロース原料として，より軽微な化学処理によって高純度セルロース（純度98%以上）に変換されて利用されている．

　セルロースの特徴をいくつか挙げてみると，高強度のほかにも，繊維状，紙のようにリサイクル利用可能，植物によって再生産可能，水に不溶だが親水性で水により膨潤，親油性，化学的に比較的安定，生物分解性，生体安全性，光学活性を有するなどがある．したがって，セルロース系材料の原料生産—材料化プロセス—利用—廃棄—分解の全サイクルを考えると，石油系プラスチック材料にくらべて環境・資源の観点からいちじるしい優位性がある．今後の材料設計では利用する際の機能に加え，循環利用，環境に対する低負荷，資源の有効利用などの新

たな価値の導入が必至であり,その意味でもセルロースの応用の範囲はさらに広がるものと考えられる.

1.1 身のまわりのセルロース

形はさまざまに異なってはいるが,われわれのまわりにはセルロースにあふれており,汎用材料から,高機能ハイテク材料,医療材料に至るまで広範囲に利用されている(詳細は第10章参照).綿製品の衣類,セルローススポンジ,木を使った住宅・家具,紙,段ボール,家電製品中のプリント基板,食品,化粧品,薬,ハミガキ,人工透析用中空糸,液晶ディスプレイなどにはセルロースが主成分あるいは添加成分として含まれており,セルロースでなければ不可欠な場合が多い.

化石資源である石油由来のプラスチック材料の出現は文化的な生活の向上に大いに寄与したが,一方で大量生産,大量廃棄によって生物分解されないゴミの増大,大気中の二酸化炭素の増加による地球温暖化などをもたらし,現在その対策に追われている.石油系プラスチック材料の急増により,衣料用繊維の一部の合成高分子への代替,記録媒体としての紙から一部電子メディアへの移行などが進められ,材料全体の中でのセルロース材料が占める相対的な比率は低下してはいるが,全生産量でみれば,綿製品も紙製品も人口の増加とともに増加している.

1.2 セルロースの化学構造

物質としてのセルロースを定義すれば,「D-グルコピラノースがβ-1,4グリコシド結合したホモ多糖類」といえる.D-グルコピラノースとは,6員環(ピラノース環:6角形)を形成しているD-グルコース(ブドウ糖)である.光学異性体のうちの鏡像異性体(エナンチオマー:物性は等しい)の関係にあるL-グルコースは天然界には存在しない.単糖であるブドウ糖を20℃の水に溶解させると,63%がβ-グルコース,36%がα-グルコース,残り1%が環を形成していない鎖状構造で存在して平衡となる(図1.1).すなわち,この三者の構造は水中では容易に他方の構造に変換できる.乾燥固体(結晶)状態では固定されていて互いに構造が移行することはない.β-グルコースとα-セルロースの関係をアノマーといい,炭素1位(C1位)のアルデヒド基とC5位の水酸基の間で形成されているヘミアセタール結合のC1位の立体配置のみが異なったジアステレオマ

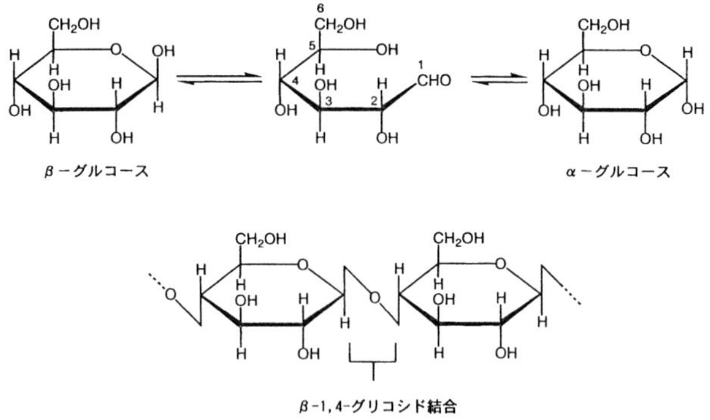

1.2 セルロースの化学構造

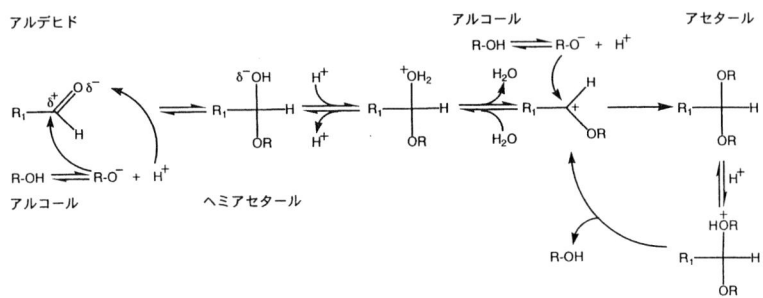

図 1.1 水溶液中でのブドウ糖の構造と β-1,4 グリコシド結合

図 1.2 ヘミアセタールおよびアセタールの生成機構

ー（光学異性の一種：物性が異なる）の関係にある．

　ヘミアセタールとは，アルデヒドあるいはケトンとアルコール性水酸基の間で形成される不安定な（すなわち逆に戻る反応が可能な）結合であり（図 1.2）（「ヘミ」は半分という意味），ブドウ糖のように C1 位のアルデヒド基と C5 位の水酸基の距離が近いときには水中で容易に生成される（図 1.1）．この β 型のグルコースの C1 位と別のグルコースの C4 位の間を脱水縮合した結合が，β-1,4 グリコシド結合である．グリコシド結合は，図 1.2 に示すようにヘミアセタールに酸触媒でさらにもう 1 分子のアルコール性水酸基と反応させたアセタールと同じである．セルロースのグルコースどうしを結んでいるグリコシド結合とは，β-グルコースの C1 位のヘミアセタール水酸基と別のグルコースの C4 位の水酸基間のアセタール結合といえる．図 1.2 のアセタール結合はヘミアセタールとは異なり，いったん形成されれば安定な構造で，中性～アルカリ性下では開裂することがないのが特徴である．一方，酸性下では元のヘミアセタール，さらにはアル

デヒドに戻る．このようにセルロースが β-1,4 グリコシド結合を有しているということは，必然的に酸性条件下ではグリコシド結合が開裂して分子量の低下につながること，一方，例外はあるが，アルカリ性下ではセルロース分子は基本的には安定であることを示している．なお，ホモ多糖類とは，単一の構成糖，この場合にはグルコースのみからなることを示しており，デンプンもグルコースのみからなるのでホモ多糖類である．セルロースとデンプン中のアミロースとの化学構造の違いは，前者が β-1,4 結合で，後者が α-1,4 結合であることである．グルコース以外の糖，たとえばグルコース以外にマンノースも構成糖として含まれているグルコマンナンのような多糖類の場合にはヘテロ多糖類という．

セルロースの化学構造を表すにはいくつかの方法があるが，そのうちの 4 例を図 1.3 に示す．セルロースは直鎖状の多糖類であり，還元性を有するアルデヒド基，あるいはそれが分子内でヘミアセタールを形成している末端部分を還元性末

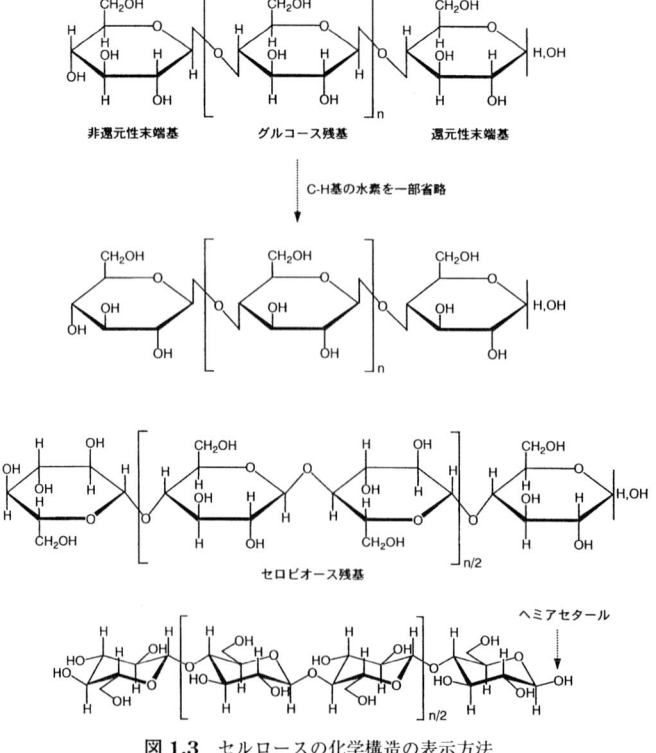

図 1.3 セルロースの化学構造の表示方法

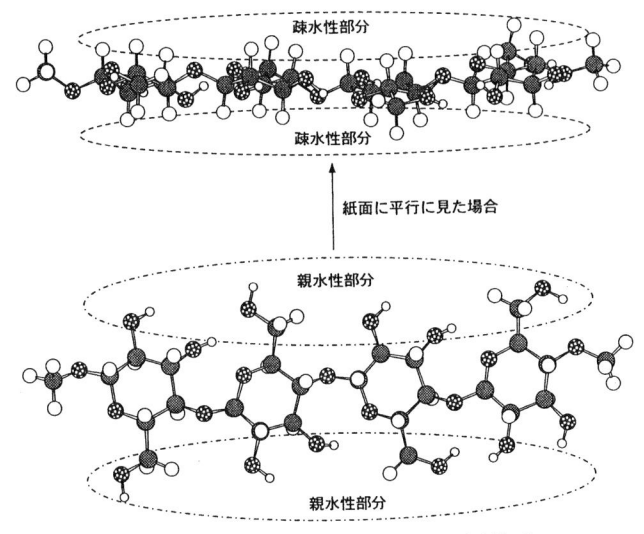

図 1.4　セルロース分子の親水性部分と疎水性面

端といい，対極で還元性を示さない末端を非還元末端という．n はセルロース 1 分子を形成しているグルコースユニットの数で，両末端を加えた $(n + 2)$ を重合度（degree of polymerization：DP）という．セルロースの分子量は中間部分のグルコースユニットの分子量 162 が n 個分と，両末端の分子量を加えて，$(162 \times n + 342)$ となる．

　図 1.3 を見ると，セルロース分子には多数の水酸基があり，それが親水性の由来であることがわかる．一方，セルロース分子を立体的に表現した場合（図 1.3 の最下部），イス型のグルコピラノース環に対してエカトリアル方向（水平方向）にすべての水酸基が配置されており，アキシャル方向（垂直方向）に C-H 基が向くため，セルロース分子を平面的なリボンと考えると，垂直方向は C-H 基のみの疎水性面となり，水平方向が OH 基の多い親水性面となる（図 1.4）．このように，セルロースは分子内に疎水性と親水性の両部分を有する高分子である．セルロース分解酵素（セルラーゼ）のセルロースへの吸着などには，この疎水面へのファンデルワールス力による酵素の結合が関与している．

1.3　セルロース中に存在するマイナーな官能基

　定義に基づくセルロースの化学構造（図 1.3）からは，セルロース分子中にあ

る官能基としては，水酸基のほかには1本のセルロース分子鎖に1つある還元性末端のアルデヒド基（あるいはそれが形を変えただけのヘミアセタール水酸基）のみであるが，実際のセルロースで純度100%のものはほとんどなく，精製の程度により非セルロース成分のヘミセルロース，リグニン（あるいはリグニン漂白残渣）などが数%～十数%含まれる場合がある．また，植物からセルロースを取り出し，精製する化学処理過程で，セルロースのC6位の1級水酸基がアルデヒド，あるいはカルボキシル基へと酸化されたり，C2位，C3位の2級水酸基のケトンへの酸化，還元性末端のアルデヒド基のカルボキシル基への酸化などが起こり，これらがマイナー官能基として存在する．セルロース材料を改質したり，利用する場合に，これらのマイナー官能基が重要な役割を果たしたり，大きな問題となることがある．セルロース（パルプ）中のカルボキシル基量，アルデヒド基量の例を表1.1に示す（Parks and Hebert, 1972）．固体セルロース中のカルボキシル基量は伝導度滴定により測定することができ，アルデヒド基量は亜塩素酸で選択的に酸化してカルボキシル基に変換した後に伝導度滴定の増加分から求めることができる．アルデヒド基量がゼロに近い試料は，分子量が極端に大きいために還元性末端が少ないからではなく，パルプ化―漂白の過程でカルボキシル基に酸化されたためと考えるべきである．

表1.1 各種セルロース試料中のカルボキシル基量，アルデヒド基量の例（Parks and Hebert, 1972）

	セルロース純度 (%)	カルボキシル基量 (meq/100 g)	アルデヒド基量 (meq/100 g)
針葉樹亜硫酸パルプ	96.0	2.67	0.39
	90.7	3.69	1.02
	88.8	3.61	1.38
	93.3	2.84	0.61
	88.5	3.06	1.35
針葉樹漂白クラフトパルプ	86.0	2.93	0.52
	86.2	3.04	0.00
	86.9	2.89	0.25
	94.2	1.88	0.32
広葉樹亜硫酸パルプ	90.0	3.40	1.20
	91.0	3.83	0.87
広葉樹漂白クラフトパルプ	85.7	4.81	1.08
	87.8	4.70	2.26
	86.2	8.72	1.27
リンターパルプ	>98.0	<1.00	―

たとえば，セルロース繊維を水に分散させて染色加工する場合，抄紙工程でパルプ懸濁液に各種添加剤を加えて紙にサイズ性（水の浸透を制御），乾燥強度，湿潤強度などを付与する場合には，セルロース表面のカルボキシル基が静電的な相互作用（イオン結合）を支配し，これらの添加剤成分を効率よくセルロース繊維に定着させて添加剤の機能発現に寄与している．一方で，紙と樹脂からプリント基板を製造する場合には，セルロース中のカルボキシル基は導電性を上げるために電気回路のショートの原因となり，品質を低下させる．

1.4　セルロースの平均分子量，分子量分布

　定義としては同じセルロースでも，実際に利用する際にはセルロース素材によってその性質は大きく異なる．形状的な因子，たとえば，繊維形態，繊維長，繊維長分布，比表面積，表面形状，断面形状などはどの場合でもきわめて重要である．たとえば，人工透析用のセルロース中空糸は，純度の高い綿セルロースをセルロース溶剤に溶解させ，細いストロー状に成形することにより，血液浄化機能が発現され，もとの綿セルロースの形態では不可能である．さらに，ミクロンからナノレベルでは，第4～5章に詳述するように，結晶構造，結晶化度，結晶サイズ，結晶－非晶分布などにより，セルロースの固体特性が支配される．一方，セルロースの分子レベルでは，1.3～1.4節で述べたように，マイナーな官能基の量と分布，非セルロース成分の種類と量およびそれらの分布状態などが挙げられるが，セルロースの分子量（あるいは重合度）は基本的な因子である．分子量はセルロース系材料の力学特性およびその持続性を支配し，また，分子量が低下すると形状も粉体化して変化する．

　一般に天然高分子，合成高分子の分子量は均一ではなく，幅をもって分布している．i番目の分子量M_iの分子がn_i個含まれているとすれば，数平均分子量(M_n)，重量平均分子量(M_w)，多分散度(D)は以下のように示される．

$$M_n = \frac{\Sigma M_i \times n_i}{\Sigma n_i} \quad M_w = \frac{\Sigma M_i^2 \times n_i}{\Sigma M_i \times n_i} \quad D = \frac{M_w}{M_n}$$

　セルロースの場合には，重合度（DP）を用いることが多いので，各分子量をグルコースユニットの162で割った，数平均重合度（DP_n），重量平均重合度（DP_w）として表される．分子量が分布をもたなければ$D=1$で，$DP_n = DP_w$であるが，ほとんどのセルロースは$D > 2$であり，$DP_w > DP_n$となる．セルロース

系材料の力学物性を支配する因子としては DP_w の方が重要な値となる．DP_n は，セルロース分子の還元性末端のアルデヒド基量を測定することによって測定可能であるが，DP_w あるいはそれに近い値を得るには，セルロースを溶剤に溶解させることが前提であり，その溶液の粘度測定から求めるか，排除体積クロマトグラフィーという機器分析によって求める．

分子量を測定するために用いるセルロース溶剤の条件としては，セルロースの分子量を溶解過程や測定中に低下させないことである．標準法としては，0.5Mの水酸化銅エチレンジアミン水溶液〔$Cu(H_2NCH_2CH_2NH_2)_2(OH)_2$〕に溶解させて固有粘度〔$\eta$〕を求め，下式の Mark–Houwink–Sakurada の粘度式より，粘度平均重合度（DP_v）が得られる．

$$[\eta] = K_m DP^\alpha$$

K_m, α は定数で，セルロースのような剛直な分子の場合には広がって溶解しているために α は1に近い値となる．DP_v の値は DP_n と DP_w の間の値となるが，DP_w に近いと考えられている．この方法は，広くパルプの重合度測定に適用され，パルプ化—漂白条件が製紙原料，繊維原料，医療材料，食品材料などとして適しているかどうかの判定基準として用いられている．排除体積クロマトグラフィー分析では，高速液体クロマトグラフ，分析用カラム，検出器などのシステムを要する．最近では，非水系セルロース溶剤の一種である塩化リチウム／N,N-ジメチルアセトアミド〔$LiCl/(CH_3)_2NCOCH_3$〕）にセルロースを溶解させ，多角度レーザー光散乱検出器（MALLS）を用いて DP_w, DP_n を直接求める方法が提案されており，セルロースの分子量，分子量分布，カルボニル基分布などに関して新しい知見が得られている．

セルロースの重合度の値は粘度法で測定したものが多く，必ずしも正確とはいえないが，相対的に評価するには十分である．生合成された植物中のセルロースの重合度は，ダメージを与えずにセルロースだけを取り出すことができないので不明であるが，重合度で 10,000 以上といわれている．一方，高結晶性の微生物セルロース，ホヤセルロースは単離－精製された試料でもセルロース溶剤に完全に溶解させることが困難であり，DP で 5,000 以上とみなされるが，正確な値は不明である．一般的には精製した綿セルロース（リンターセルロース）で 500～5,000，木材由来の漂白化学パルプで 500～2,000 程度である．紙の強度とセルロ

ースの重合度の関係では，500以上であれば力学物性に大きな差異はないが，500以下になると急激に低下する．

1.5 セルロース試料

われわれの身のまわりにはセルロース製品はあふれているが，標準的なセルロースという意味では必ずしもユニバーサルな試料はない．高純度セルロース繊維という観点では，綿セルロース由来の濾紙用パルプが市販されており，重合度は500～1,000程度であるが，精製条件（漂白条件）によって変化する．市販の微結晶セルロース粉末は，一般の繊維状天然セルロースと比較して重合度が200～300と低く，粉体粒子の大きさもさまざまに調整されているが，重合度，化学構造，結晶構造，結晶化度などの観点では試料間での差異は少なく，使用目的によっては標準的なセルロースといえる場合がある．微結晶セルロースは，綿セルロースあるいは漂白木材セルロースを希酸で部分的に加水分解して重合度を低下させ，同時にセルロース純度を上げて，後処理で粉体化した試料で，食品，医薬錠剤などとして利用されている．

市販されているセルロースとその特徴を挙げると表1.2のようになる．一方，

表1.2 セルロース試料の種類と特徴

試料	起源	セルロース純度(%)	結晶形	結晶化度(%)	重合度 DP_v	コメント
〈市販品〉						
リンターセルロース	綿	>95	セルロースI	80	500～5,000	濾紙パルプ
漂白クラフトパルプ	針葉樹材	>85	セルロースI	60	1,000～1,500	製紙用パルプ
	広葉樹材	>85	セルロースI	60	800～1,200	製紙用パルプ
微結晶セルロース粉末	綿	>98	セルロースI	85	200～ 300	CF1，濾紙粉末
微結晶セルロース粉末	針葉樹材	>96	セルロースI	80	200～ 300	アビセル
ビスコースレーヨン	針葉樹材	>95	セルロースII	24	400	ザンテート溶液から再生
ベンベルグレーヨン	綿	>95	セルロースII	46	600	銅アンモニア溶液から再生
〈非市販品〉						
バクテリアセルロース	酢酸菌	>95	セルロースI	80	>5,000	酢酸菌の培養により生産
藻類のセルロース	藻類	>95	セルロースI	95	>5,000	バロニア，クラドフォラなど
ホヤセルロース	ホヤ	>95	セルロースI	95	>5,000	純粋なセルロースI_β型結晶
低重合度セルロース	綿，木材	>98	セルロースII	80	15	85%リン酸に溶解-水で再生
低重合度セルロース	綿，木材	>98	セルロースII	80	7	同上-メタノールで再生
非晶セルロース	綿，木材	>98	非晶	0	<50	乾燥条件でボールミル粉砕
非晶セルロース	綿，木材	>98	非晶	0	200～2,000	SO_2/アミン/DMSOに溶解-再生

表 1.3 セルロースの基本的な性質（Klemm *et al.*, 1998 など）

重合度	1,000～10,000（天然セルロース），250～800（再生セルロース）
レベルオフ重合度	200～300（高等植物セルロース），80（マーセル化セルロース） 40（再生セルロース）
結晶化度	50～95%（天然セルロース），25～50%（再生セルロース）
密度	1.5～1.9 g/cm^3（天然セルロース），1.5～1.69 g/cm^3（再生セルロース）
比抵抗（65% 相対湿度）	10^5～10^9 Ωcm（天然セルロース），10^{10}～10^{15} Ωcm（再生セルロース）
比誘電率（65% 相対湿度）	3～6（天然セルロース），3～7（再生セルロース）
屈折率	1.6～1.7（天然セルロース），1.5～1.6（再生セルロース）
熱分解開始温度	200～270℃
発火点	390～420℃
最大炎温度	850℃
65% 相対湿度の平衡含水率	7～8%（天然セルロース），12～14%（再生セルロース）
繊維飽和点含水率	15%（綿セルロース），12%（リンター），26～30%（レーヨン）
保水値（3000Gで遠心分離後の含水量をセルロース絶乾重量に対する%で表した値）	50～80%（天然セルロース），70～140%（再生セルロース）
カルボキシル基含有量	＜0.01 meq/g（リンター），0.02～0.03 meq/g（溶解亜硫酸パルプ） 0.01～0.03 meq/g（前加水分解クラフトパルプ） 0.02～0.1 meq/g（製紙用漂白クラフトパルプ）
アルデヒド基含有量	＜0.03 meq/g
窒素吸着法比表面積	0.35 m^2/g（熱乾燥針葉樹亜硫酸パルプ） 5.3 m^2/g（凍結乾燥針葉樹亜硫酸パルプ） 0.6～0.72 m^2/g（綿セルロース），0.3～0.4 m^2/g（ビスコースレーヨン）
水蒸気吸着法比表面積	1000 m^2/g（未乾燥針葉樹パルプ），135 m^2/g（綿セルロース） 292 m^2/g（ビスコースレーヨン），135 m^2/g（CF1） 171 m^2/g（マーセル化 CF1），434 m^2/g（非晶セルロース）
平均繊維長	3.1～3.4 mm（針葉樹パルプ），0.85～1.2 mm（広葉樹パルプ） 2.7 mm（竹パルプ），1.41 mm（麦ワラ），1.7 mm（バガス） 9 mm（リンター）
繊維幅	31 μm（針葉樹パルプ），20～21 μm（広葉樹パルプ） 14 μm（竹パルプ），15 μm（麦ワラ），20 μm（バガス） 19 μm（リンター）

　実験室で単離—精製すれば，起源によって特有の分子量，結晶構造，結晶化度，ミクロフィブリル形態等を有するセルロースが得られる．また，セルロースを約85% リン酸に溶解させ，室温で均一酸加水分解することにより，重合度 15 と重合度 7 のセルロースオリゴマーを比較的高収率で得ることができる．詳細は各章に記述してあるが，セルロースに関する基本的な性質を表 1.3 に示す（Klemm *et al.*, 1998）．

〔磯貝　明〕

文　献

1) 磯貝　明 (2001)．セルロースの材料科学，東京大学出版会．

2) Klemm, E. *et al.*（1998）. Comprehensive cellulose chemistry, Wiley–VCH.
3) 岡島邦彦（2000）. セルロースの事典（セルロース学会編）, p. 8, 朝倉書店.
4) Parks, E. J. and Hebert, R. L.（1972）. *Tappi J.*, **55**（10）：1510.

2. 資源としてのセルロース

　セルロースは地球上に存在する有機資源の中で最も多く生産されている．しかしその生産量については確定されてなく，海洋の藻類が生産する量を除いて，地球上の植物が生産する量はおおよそ年間700億トンという説が報告されている．バイオマスという観点から見ると，地球上の土地を気候で分類し，その土地の平均的な生物体の蓄積量の積算から合計を求めると，表2.1に示したような推定値が報告されている．表2.1には陸上と海洋において蓄積されているバイオマス量と年間に生産されている量が推定されているが，値には2倍程度のバラツキがある．このデータによると地球上に存在するバイオマスの99%は陸上にあり，その中の90%以上が森林バイオマスであり，その主成分はセルロースであるということである．

　セルロースは主に植物の光合成により，空気中の二酸化炭素からグルコースを経て合成される．グルコースの一部はエネルギー貯蔵物質としてのデンプンに変換され貯蔵されるが，大部分はセルロースに変換されて植物の細胞にある細胞壁を構成し，植物本体の構造を形成する．植物体を構成するセルロースはデンプンなどと比較して長時間天然界に保持される．

　資源としてのセルロースは木材，今話題のケナフや麻などの非木材植物，木綿で知られるワタ，その他に非植物に由来する動物性セルロースとバクテリアセルロースがある．木材は生産量，蓄積量からいっても最も重要な資源である．最近多方面で話題となる非木材繊維からも木材と同様にセルロース原料であるパルプが生産されている．主要な資源は農産物残渣であるワラ，サトウキビの絞り粕であるバガス，タケの順に生産量が多く，この3者で生産量の70%を占めるが，非木材パルプ全体でも全パルプの生産量の10%にしか過ぎなく（表2.2），しかも非木材パルプの生産はその7割が中国に集中している．しかし，供給可能量からすると，25億トンもの非木材繊維が利用

表2.1 バイオマス賦存量と生産量の推定値（横山，2001）

	蓄積量（億t）	純生産量（億t/年）
陸上	10,530〜20,680	800〜1,500
海洋	39	500〜550

表 2.2 世界の製紙用非木材パルプ生産量
(単位：千 t)（光井，1995）

	1993	1995	1998
ワラ	9,566	9,861	10,187
バガス	2,884	3,121	3,582
タケ	1,316	1,483	1,850
その他	6,870	7,285	7,752
合計	20,636	21,750	23,371
木材パルプ合計	176,435	180,398	185,136
非木材パルプ割合	10.5%	10.8%	11.2%

表 2.3 原料別非木材繊維の供給可能量（単位：1,000BDT）（光井，1995）

	全世界	米国
バガス	83,000	4,260
ワラ	1,175,000	928,000
ジュート，ケナフなど	13,700	1,000
アシ（推定）	30,000	
タケ（推定）	30,000	
メン茎	68,000	4,600
トウモロコシ茎	690,000	129,000
モロコシ茎	242,000	28,000

BDT：乾重量

可能であり（表2.3），今後の重要なセルロース資源となることは間違いない．

　古来よりセルロースの代表として知られてきた「ワタ」は綿花から生産される．木材由来のセルロースと比べると，高純度のセルロースを得られやすいため古くから使用されてきた．綿花の生産量は全世界において1,500万トン，主生産国としては中国，旧ソ連，米国で半分以上を生産している．ワタから作られる木綿は繊維産業の基本材料として現在も広く使用されている．

　その他に動物由来のセルロースとしては，ホヤの外套膜に高純度のセルロースが存在することが判明し，実験材料として広く使用されている．応用研究としては音響装置への利用などが行われているが，資源量としては未確定であり，工業的に使用されている実例はない．また微生物に由来するセルロースとしては，酢酸菌が知られており，この菌は菌体外にセルロースを産出する．この菌の存在は古くから知られており，フィリピンでは発酵によりできるセルロースを「ナタ」と称しており，日本でも健康食ブームの時に「ナタデココ」として低カロリーデザートとして市場に登場した．バクテリアが産出するセルロースは高純度であり，セルロース本来の優れた性質を有することから，工業材料への利用が試みられている．その中で有名なのはスピーカーコーンへの利用で，バクテリアセルロースのもつ高弾性を生かして高性能な音楽再生に活かされた．しかし，残念ながら利用範囲は大きく広がっていないが，バクテリアセルロースは人工的に生産できる唯一のセルロースなので，今後の応用開発が待たれる．

　天然界に存在する種々のセルロース資源について言及したが，セルロースの利用方法から眺めると，最も身近に使われているセルロース資源は用材としての木

材製品や木材パルプから作られる紙である．その他に化学原料としてセルロースが利用されている場合にも，その起源は木材由来がほとんどである．その理由としては，まず資源として木材が大量に存在すること，そして精製法が確立しており安価に利用できるからである．このようにセルロースの工業的応用を考えるうえでは木材資源がセルロースの供給源として中心となる．

2.1 木材資源の現状

FAO（国際連合食糧農業機関）によると地球上の陸地面積 1 億 3,422 km² の 29% が森林であり，その森林はロシア，ブラジル，カナダ，米国で世界の森林の 50% 以上を占めている．生産される木材を用途別に見ると図 2.1 に示したように，先進地域と開発途上地域で大きな違いがある．先進地域では木材全体の生産量の変動が少なく用途の変化も少ないが，開発途上地域では年々生産量が増加し，薪炭材としての利用がかなり増加してきた．アジア地域での人口増加と生活

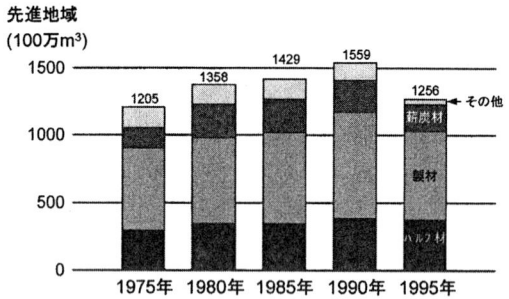

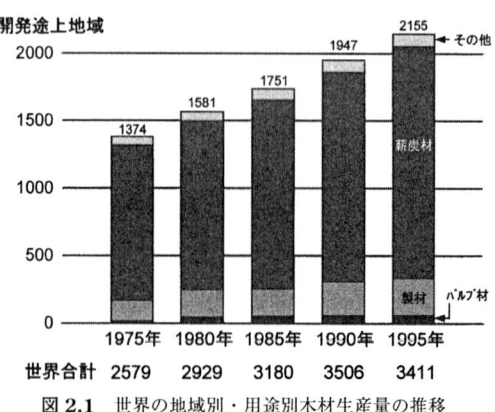

図 2.1 世界の地域別・用途別木材生産量の推移
（資料：FAO, Yearbook of Forest Products）

レベルの向上によるエネルギー消費の増加を木材で賄っている．また食糧の自給のために森林を農地に転用する必要があり，この一種である焼き畑農業も森林の減少の大きな原因と考えられている．

一方では森林資源を確保するためにいろいろな取り組みも行われている．代表的な試みは成長が早い早生樹の植林である．天然林を伐採することなく，ちょうど農作物を育てて，収穫するのと同じように，樹木を育てて短期で伐採しバイオマス資源として利用するものである．この計画では年平均成長量の目標を15～20 t/haにおいており，植える樹種は地域の特性に適したものが選ばれている．多くの地域ではユーカリが選ばれており，アジアの一部ではアカシアマンギウムが植えられている．樹種に求められる条件は，初期成長が早い，収穫量が高い，環境適応性が良い，樹形が整っていて作業性が良い，などの他に利用する用途に

表2.4 ユーカリ，アカシアの成長量調査結果（海外産業植林センター，1998, 1999）

樹種，地名	樹齢（年）	バイオマス成長量（t/ha・年）			施肥
		全バイオマス	地上部	幹	
ユーカリ（グロブラス）					
オーストラリア（Manjimup）	5	37.5	32.6	22.1	施肥と追肥1回
〃	6	36.7	32.1	23.4	
オーストラリア（Albany）	6	14.5	11.5	7.1	施肥なし
チリ（Canete）	5	20.1	17.2	11.7	10 g/本
〃	7	24.7	21.2	14.9	
ユーカリ（グランディス）					
南アフリカ（Melmoth）	5	18.0	15.9	10.3	100 g/本
〃	8	18.9	16.7	13.4	
ユーカリ（ナイテンス）					
チリ（Canete）	4	11.9	10.1	6.4	10 g/本
〃	7	20.3	17.5	11.9	
〃	8	19.7	16.9	11.5	
〃	11	20.6	17.7	12.5	
ユーカリ（カマルドレンシス）					
ベトナム・フータン	6	—	10.2	6.7	100 g/本
アカシアマンギウム					
ベトナム・フータン	6	—	20.2	15.4	100 g/本
パプアニューギニア（Madang）	4	—	14.8	11.4	施肥あり
〃	7A	—	12.6	9.7	
〃	7B	—	15.6	12.1	
アカシア（オウリクリフォルミス）					
ベトナム・フータン	6	—	16.0	11.3	100 g/本

7Aと7Bは同樹齢だが植栽場所が異なる．

適した性格，パルプ用材にするにはパルプ収率が高い，という点である．表2.4には世界中で進められている早生樹植林計画の結果の一部を示したが，全バイオマス生産量で見ると目標を超えた結果が得られている．ただし，これらの植林計画の多くが始まったばかりであり，成育中の環境変化への対応，病虫害の発生など，今後の展開を注視する必要がある．

2.2 木材の利用状況

表2.5には世界中で木材がどのように利用されているかを具体的に示した．最も多いのは丸太のまま使われているが，その半分は燃料として燃やされている．次に製材用，パルプと続いているが，狭い意味でセルロースとして利用しているといえるのはパルプと考えてよいだろう．表2.6には将来的な伸び率が示してあるが，世界的な環境問題への関心の向上に伴って燃料としての使用は伸び率が低くなる一方，開発途上地域の発展に伴い合板やパルプといった利用用途が拡大していく傾向が見られる．

次に木材パルプの状況に絞っていくと，パルプには大別して2種類の用途があ

表 2.5 世界の木材生産量（林野庁，1998）

地域	生産量（単位：千 m^3）					
	丸太	丸太内訳		製材	合板等	木材パルプ
		薪炭用材	産業用材			
大陸別						
アフリカ	580,331	514,051	66,280	9,007	1,802	2,451
北米，中米	753,463	151,561	601,902	176,940	50,332	84,185
南米	323,536	194,450	129,086	29,908	6,189	9,464
アジア	1,175,355	897,060	278,296	98,338	41,726	18,645
ヨーロッパ（旧ソ連を含む）	468,735	81,214	387,521	111,245	45,849	39,356
オセアニア	49,088	8,756	40,332	6,927	2,450	2,314
世界計	3,350,508	1,847,092	1,503,416	432,364	148,358	156,416

表 2.6 FAOによる世界の木材消費量の試算（林野庁，1998）

年	1994	2000	2010	伸び率（%）(1994〜2010)
薪炭材（百万 m^3）	1890	1885	2052	1.1
産業用材（百万 m^3）	1476	1627	1784	1.2
合板用（百万 m^3）	126.4	143.4	172.6	2.0
紙・板紙（百万 t）	266.5	312.7	396.0	2.5

る．1つは紙の原料用途であり，これが大部分を占めている．紙の主成分はセルロースであり，セルロースの最大の使用用途が紙であろう．またもう1つは溶解用パルプと称する，より純度の高いセルロースである．これは化学原料としてのセルロースとなる．

表2.7 主要国と世界のパルプ生産（2001年）
（単位：千t）（PPI Annual Review）

国名	順位	生産	消費
米国	1	52,795	54,175
カナダ	2	24,918	14,895
中国	3	17,570	22,464
フィンランド	4	11,169	9,595
スウェーデン	5	11,000	8,340
日本	6	10,813	13,372
世界		178,951	179,770

製紙パルプと溶解パルプの合計で古紙パルプは含まない

表2.8 主要国の紙・板紙生産および消費量（2001年）
（単位：千t）（PPI Annual Review）

国名	順位	生産	消費	1人当り消費量 順位	kg/年
米国	1	80,759	87,933	1	324.0
中国	2	32,000	38,180	65	29.0
日本	3	30,731	30,836	7	242.2
カナダ	4	19,686	7,875	5	250.0
ドイツ	5	17,879	18,543	12	225.0
フィンランド	6	12,503	1,386	15	194.0
スウェーデン	7	10,534	2,463	6	247.0
韓国	8	9,724	7,850	21	159.0
世界		316,646	319,121		51.3

世界と主要国のパルプ生産量を表2.7に示したが，年間1億8千万トンのパルプが生産されており，米国，カナダや北欧の森林資源国が主要な位置を占めている．中国は非木材パルプが多く，日本は木材チップを輸入して生産している．一方，紙については世界中で3億トン以上が生産・消費されている（表2.8）．生産と消費で米国が圧倒的に多く，中国，日本と続いているが，1人当たりの消費量

で見ると中国はすごく少ないことがわかる．またパルプの生産量と紙の生産量の差は古紙のリサイクルにより賄われており，とくに段ボールに使用された板紙のリサイクルが進んでいる．

2.3 リサイクル資源

パルプの製造では廃棄物も重要な原料となっている．森林から伐採された木材が製材されて用材に加工される際に発生する端材からパルプが製造されている．さらに紙になると，木材から作られたパルプだけではなく，一度使われた古紙がリサイクルされて再び紙に戻されている．このようにセルロース資源は森林から得られた後にも何回かリサイクルして使用されている．紙と板紙全体では古紙のリサイクル率は55％を超えており，これは紙の原料の半分以上が森林ではなく，都市から集められていることを示している．セルロース自体が太陽の光から生産される再生可能資源であると同時に，その製品である紙は使用の過程の中で繰り返して使われている．

2.4 エネルギー資源としての活用

木材を主とするセルロースを含む天然資源の使われ方は，物理的な加工をされて材木として使用される場合，化学的なプロセスを経てセルロース成分の純度を高め紙として使われる場合，そしてさらに高純度にまで精製を受けて化学原料となる場合がある．その他に大きな需要として燃料として使われていることは前述のとおりであるが，木材をそのまま燃やすのではなく，化学的なプロセスによりセルロースを分解してグルコースを作り，発酵によってアルコールを合成することが再び脚光を浴びている．再生可能資源としての特性を生かし，化石燃料の代わりにするもので，昨今の炭酸ガスによる地球温暖化を防ぐ方策として見直しが進められている．この計画に使われる資源として，森林の未利用材，農産廃棄物，そして古紙などが注目されているが，これらに含まれている資源としてのセルロースが見直されているということである．

〔種田英孝〕

文　献

1) 光井　覚 (1995)．紙パルプ，8月号，12．
2) 横山伸也 (2001)．バイオエネルギー最前線，p.53，森北出版．

3. 植物資源からセルロースを取り出す

3.1 セルロース材料としての植物

　セルロースは，紙あるいは綿製品などの形で生活の中に深く入り込んでおり，多くの植物からセルロースの原料が得られている．表3.1に各種植物から得られるセルロース原料中のセルロースの割合を示す．この表に記載された値のうち，靭皮繊維や葉脈繊維を原料とするものは文献によって値に相当大きな開きがあるのは原材料の調製法に大きく影響されるためである．

　このうち代表的なセルロース原料である木材繊維と綿花繊維について，セルロースが存在する細胞壁各層の模式図を図3.1に示した（Young, 1986）．綿花の場合は各細胞壁層ともセルロースの純度が高いが，木材の場合はリグニンとヘミセ

表3.1　各植物原料に含まれるセルロースの含量

植物	原料部位	含有量 (%)	植物	原料部位	含有量 (%)
樹木	木材（幹）	40～50	苧麻（ラミー）	靭皮繊維	85
綿	種子毛繊維	88～96	サイザル麻	葉脈繊維	75
カポック	種子毛繊維	55～65	バガス	茎	35～40
亜麻	靭皮繊維	75～90	竹	茎	40～50
マニラ麻	葉脈繊維	65	アシ	茎, 葉	40～50
黄麻（ジュート）	靭皮繊維	65～75	ワラ	茎	40～50

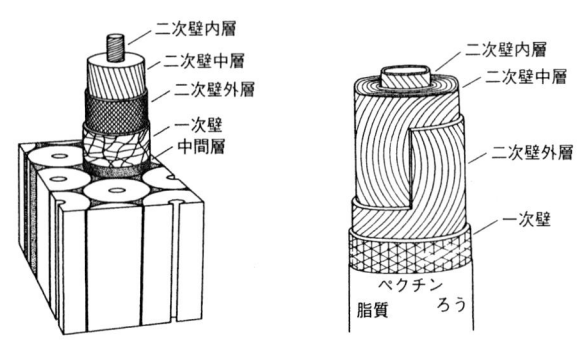

図3.1　木材（左）と綿毛（右）の細胞壁構造の模式図

表 3.2 原料および調製法を異にする各種セルロースの重合度（粘度法）

原料	粘度平均重合度	原料	粘度平均重合度
木綿	<12,000	木材パルプ	1,500〜2,000
コットンリンター	800〜1,800	溶解パルプ	600〜1,200
亜麻	6,500〜9,000	バクテリアセルロース	1,400〜2,700
ラミー	6,500〜9,000	再生セルロース	200〜600
木材	4,000〜5,500	マニラ麻パルプ	5,200

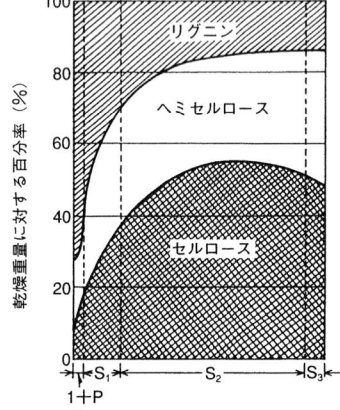

図 3.2　木材の細胞壁各層における構成成分の割合
I：細胞間層，P：一次壁，S_1：二次壁外層，S_2：二次壁中層，S_3：二次壁内層

ルロースが高い割合で共存している．図 3.2 に針葉樹仮道管を例として，樹木の細胞壁各層におけるこれらの成分の割合を示した（中野，1983）．

なお，植物以外にもセルロースを産生する生物が知られており，これらからのセルロースは特別な場合を除いて産業的には重要ではないが，セルロースの研究用試料として重要である．酢酸菌が生産するバクテリアセルロース，ある種の藻類が生産するバロニアセルロース，動物界で唯一セルロースをもつ生物であるといわれる原索動物被のう類（たとえばホヤ）の産生するセルロースは，セルロース構造や生合成機構の研究に広く用いられている．

各種セルロースの粘度法による重合度を近藤のまとめにしたがって，表 3.2 に示した（近藤，2000）．

3.2　実験試料としてのセルロース調製法

1）木材の細胞壁からのセルロースの調製

植物の細胞壁には一般に，セルロースのほかに，ヘミセルロースと呼ばれる種々の非セルロース系多糖類が存在し，それに加えて，維管束を有する高等植物には，リグニンと呼ばれる高分子の芳香族化合物が存在している．特に樹木の場合は図 3.2 に示したように肥厚した二次壁を有しリグニンの含有量が高いため，これらからセルロースを取り出すには 2 段階の操作が必要になる．すなわち，図

3.3に示すようにまずリグニンの分解・溶出（脱リグニン）を行い，それに続いて，ヘミセルロースとリグニン分解物の溶出，という操作を行い不溶物としてセルロースを得るのが一般的である．この手順から明らかなように，試料中に混在したあらゆる不溶夾雑物はセルロース区分に混入するので，原試料の調製においてはこれらを注意深く取り除いておく必要がある．

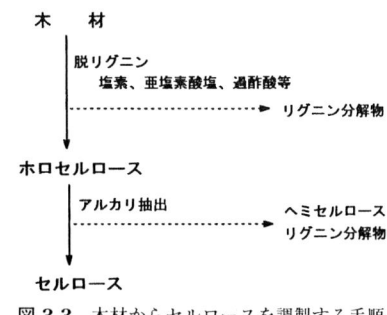

図3.3　木材からセルロースを調製する手順

第1段階，第2段階ともに，種々の方法が検討されてきている．Cross-Bevanセルロースの調製では第1段階に塩素（溶液あるいは気体）を用い，第2段階に亜硫酸ナトリウム水溶液を用いる．歴史的に古いこの方法ではヘミセルロースの溶出が十分ではないため，著量のヘミセルロースが試料中に残存する．現在では，亜塩素酸ソーダ，塩素—モノエタノールアミン，過酢酸などの酸化剤によりリグニンを分解除去し不溶残渣（これをホロセルロースと呼ぶ）を得た後，高濃度のアルカリ処理によってヘミセルロースを抽出し，残渣としてセルロースを得るのが一般的である．しかしこの場合も，マンナンやキシランが生成物中に残存することは避けがたいので，中性糖分析を行い，グルコース，マンノースガラクトース，キシロースなどの定量値からセルロースの純度を推定しておくことが必要である．

なお，調製したセルロース試料を，水酸化ナトリウム水溶液に対する溶解度の違いに基づき，α-, β-およびγ-セルロースの3種類に区別することがある．セルロースを17.5%水酸化ナトリウムで膨潤処理した後8.3%まで希釈した際の不溶部分をα-セルロース，溶解部分を酸性にして沈殿する部分をβ-セルロース，そして溶解したままの部分をγ-セルロースと呼び，α-セルロース含量は，産業的に調製したセルロース試料（たとえば木材パルプ）のセルロース純度を表す指標として広く用いられている．α-セルロースはそのほとんどがセルロースであると考えてよいが，β-およびγ-セルロースはセルロース試料に混在するヘミセルロースおよびセルロースの低分子化物を主体とすると考えられるので，学問的には避けられるべき用語である．

図3.3の手順はセルロースを取り出すことに目的が置かれており，その過程で

リグニンは徹底的に酸化分解され，アルカリ抽出液は各種ヘミセルロースの混合物として得られる．ヘミセルロースの抽出過程において，各ヘミセルロース成分を分画するには次のような方法を用いる．広葉樹ホロセルロースの24%水酸化カリウム抽出液を，中和に十分な量の酢酸を含むエタノール中に注入することによりキシラン（グルクロノキシラン）を沈殿として得る．抽出残渣ホロセルロースをさらに4%のホウ酸を含む24%水酸化ナトリウム水溶液で抽出し，抽出液を上記と同様に酢酸含有エタノールに注入しグルコマンナンの沈殿を得る (Timell, 1965)．これらの操作は，マンナンは水酸化カリウムによって抽出されにくいが，マンノース残基2,3位水酸基のホウ素原子への配位によりホウ酸含有水酸化ナトリウムには溶解しやすいことを利用している．針葉樹ホロセルロースの24%水酸化カリウム抽出によってキシランとガラクトグルコマンナンを抽出し，この抽出液に水酸化バリウム水溶液を加えることにより，グルコマンナンを沈殿として得る．抽出残渣ホロセルロースを上記と同様に含ホウ酸水酸化ナトリウム水溶液で抽出してグルコマンナンを得る (Timell, 1965)．

2) 綿花からのセルロースの調製

綿セルロースは，綿の花の落花後に生じる蒴果中に成長する綿毛を原料とする．綿毛は種子の表皮細胞の一部が伸長成長した後に，肥厚成長によって内側にセルロースを堆積して形成され，長さは15〜60 mmにも達する．これを種子から刈り取って得た繊維をリント（lint）と呼ぶ．インド綿のように，リントの他にリンター（linter）と呼ばれる長さ5 mm程の短い繊維が得られるものもあるが，エジプト綿などではリンターは得られない．

樹木細胞壁におけるセルロース含量が40〜50%に過ぎないのに対して，綿毛のセルロース含量は90%以上に達する．綿毛に含まれるセルロース以外の物質としては，非セルロース系多糖類（ヘミセルロース・ペクチン）が約5%，ワックスおよび脂肪，タンパク質，灰分がそれぞれ1%内外，となっている．したがって，コットンからセルロースを調製するには脱リグニンの操作などは必要でなく，アルコール・ベンゼン混液等を用いた脱脂操作の後に，熱希アルカリによる抽出を行うことで純度の高いセルロースを調製することができる．産業的な木綿の調製も基本的に同じ方法による．このようにして得られた綿セルロースの純度は一般に非常に高く99%以上といわれるが，それでも微量のアラビノース，キシロース，ガラクトースなどを含む．

3.3 木材パルプの製造—化学パルプ化と漂白

セルロース生産に関わる産業で最も規模が大きいものは，木材を原料とする木材パルプ製造であり，全世界で年間約1億6千万トンが生産されている．この値は，原料である木材とセルロース含量があまり変らない機械パルプを含むものであり，セルロース純度の高い化学パルプの生産量は約1億トンである．綿花の年間生産量は約1千5百万トンに過ぎないので，木材はセルロース原料として圧倒的に大きな位置を占めている．

1950年代までは化学パルプは，1866年に開発された酸性サルファイト法によって製造されていた．その後，化学パルプ化法の主流は現在のクラフト法に移行したが，この方法は基本的にはサルファイト法の開発以前の1854年に特許が取得されたソーダパルプ製造法を改良したものであり，1884年に，硫化ソーダの添加により脱リグニン速度が速くなることが見出されている．

1) パルプ化反応と漂白反応の区別

化学パルプ製造ではリグニンを分解・除去することによって，細胞を互いに離解させ繊維を得る．高品質のパルプを得るためには，リグニン含量がほとんど0%になるまで脱リグニンを進める必要があり，通常，いくつかの工程に分けてこれを達成する．最初の工程は「パルプ化（蒸解）」と呼ばれ，これにより約90%以上の脱リグニンが達成される．パルプ化は最も大規模に脱リグニンを進める工程であるが，一定以上の脱リグニンを進めようとするとセルロースの分解が激しくなるため，残されたリグニンは数段に分かれた工程で注意深く除去する．パルプ化以降の工程を「漂白」と総称する．漂白の最初の工程では脱リグニンを更に進めることが主要な目的となるため「脱リグニン漂白」あるいは「前漂白」などと呼ばれるが，工程が進むにつれ，パルプの白色度を高める，あるいは，色戻りを小さくするという，漂白という言葉本来の意味にふさわしい目的が強くなる．

パルプ化と漂白で受け持つ脱リグニンの範囲は，70年代中頃以降，大きく変化してきた．図3.4に示すように，70年代に入って酸素脱リグニンが漂白の前段階に導入された．この図では酸素脱リグニンを漂白とは区別して表示してあるが，通常は漂白工程の一部として分類されている．さらに，80年代に入るとパルプ化で受け持つ脱リグニンの範囲が拡大してきた．これらの結果，漂白で受け

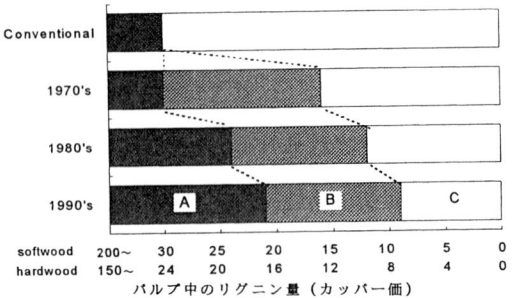

図 3.4 パルプ化および漂白工程の変遷
A：パルプ化工程，B：酸素脱リグニン，C：漂白.
カッパー価に 0.15 をかけた数値がリグニン含量.

持つ脱リグニンの範囲が大幅に減少した．

2) パルプ化工程の最近の進歩

クラフト法パルプ化では，硫化ソーダによってリグニン中の主要な構造である β-O-4 結合の解裂を促進することにより，通常のソーダパルプ化法よりも脱リグニン速度を高めている．脱リグニン速度が大きくなると，セルロースがアルカリと接触している時間を短くすることができるので，アルカリによるセルロースの分解が抑えられる．これがクラフト法がソーダ法よりも優れている理由であるが，それでも，従来のクラフトパルプ化法ではパルプのリグニン含量を，針葉樹でカッパー価 30 まで，広葉樹でカッパー価 24 までしか下げることができなかった．これ以上の脱リグニンを行うとセルロースの分解が激しくなるからである．これは脱リグニンに寄与する主要な反応（β-O-4 結合のアルカリ加水分解）とセルロースの低分子化反応が，基本的に同じ反応機構（イオン化した 2 級水酸基による分子内求核置換）であるため，脱リグニン反応を促進しようとするとセルロースの分解も促進されてしまうことによる（図 3.5）．

ところが図 3.4 に示したように 80 年代中頃以降，蒸解装置の工夫により従来以上の脱リグニンをパルプ化工程で行うようになってきた．その際に指針となったのが次に記すスウェーデンの王立工科大の Teder らによって展開された低カッパー価蒸解の理論である（MacLeod, 1993）．

① 蒸解液中のアルカリ濃度を蒸解中一定に保つ（既存の方法に比べ，蒸解初期のアルカリ濃度を低め，後期を高くする）
② 硫化物イオン濃度を高める（特に蒸解初期）

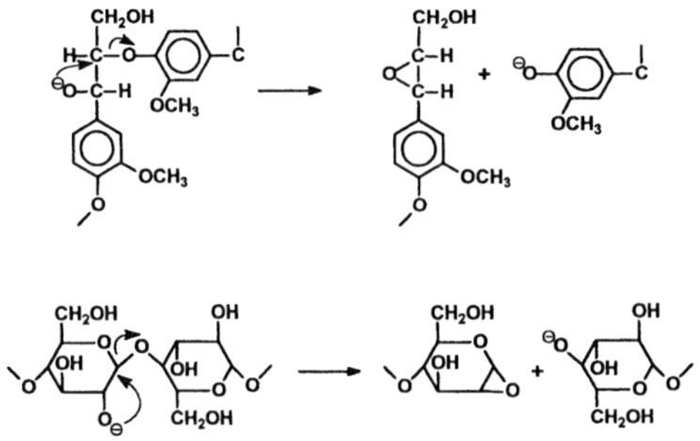

図 3.5 2級水酸基のイオン化によるリグニンの β-O-4 結合の開裂機構とセルロースの低分子化反応機構

③ 蒸解液中に溶出したリグニン濃度を低く保つ

④ 温度を低くする（特に蒸解初期と後期）

3）塩素系漂白法から非塩素系漂白法への移行

従来，クラフトパルプの漂白は，塩素系試薬を用いて行われてきた．代表的な多段シークエンスは，C（塩素）－E（アルカリ抽出）－H（次亜塩素酸塩）－D（二酸化塩素）－D である．塩素系試薬で分解されるリグニンは膨大な量に上り，それにともなって生じる有機塩素化合物の環境への影響が懸念されてきた．とくに 80 年代末以降は漂白過程で生じるダイオキシン類やクロロホルムなど，化合物を特定して具体的な規制を行う必要が生じてきた．とくに塩素漂白で生じるダイオキシン類は毒性が格段に高い異性体を多く含むことがわかった．このような理由から，塩素への依存度を小さくすることが社会的にも要求されるようになってきていたが，図 3.4 に示したように漂白で受け持つ脱リグニンの範囲が小さくなるにつれ，漂白法自体の改革が可能になってきた．

二酸化塩素など塩素系の試薬も含めて一切使用しない漂白法を TCF（totally chlorine free）漂白，分子状塩素は使用しないが二酸化塩素を使用する漂白法を ECF（elementary chlorine free）漂白と呼んでいる．ECF 漂白は全世界で急速に普及しつつある．これらの非塩素漂白法で中心的な役割を果しているのが，酸素，過酸化水素，オゾンなどの酸素系酸化剤である．塩素は経済性・反応性ともに非常に優れた漂白試薬であったため，これを酸素系の漂白試薬で置き換えるには，経済性・反応性の両面でさまざまな工夫が必要となるが，現時点では，塩素系漂白で製造したレベルのパルプを非塩素漂白で製造することには成功していない．酸素系漂白では，ヒドロキシラジカル，スーパーオキシドアニオン，酸素原

子アニオンラジカルなどの活性酸素種が生成するため，これらによるセルロースの分解を抑えることがむずかしいためである． 〔松本雄二〕

文　献

1) 近藤哲男（2000）．セルロースの事典（セルロース学会編），p. 80, 朝倉書店．
2) MacLeod, G. M.（1993）. *Appita J.*, **46**(6): 445, 1993.
3) 中野準三（1983）．木材化学（中野，住本，樋口，石津編），p. 15, ユニ出版．
4) Timell, T. E.（1965）. Methods in Carbohydrate Chemistry, vol. 5, 134.
5) Young, R. A.（1986）. Cellulose Structure, Modification and Hydrolysis（R. A. Young and R. M. Rowell, eds.）, p. 98, John Wiley & Sons 1986.

4. 生物による合成と構造の多様性

　樹木の細胞壁の主な成分は，微細繊維を形成するセルロースミクロフィブリル (CMF)，マトリックスのヘミセルロースとリグニンである．樹木の CMF は海藻や木綿に比べて幅 4 nm 以下と細いものであるが，マトリックス成分と密に結合しており，細胞壁の力学的性質に貢献している．重力に耐えて空高く伸びる幹を支えるために進化した構造と考えられている．また一方，海藻の一種の細胞壁には約 20 nm 幅の CMF が存在する．この場合，細胞壁には数気圧から十数気圧の膨圧に耐える強度が与えられた．このような多様性を念頭におきながらセルロースの構造と形成に関わる事柄を説明する．

　近年セルロースの生合成やアセンブリに関する研究は飛躍的に進歩している．より詳しい内容は，いくつかの総説（Delmer, 1999 ; Brown and Saxena, 2000）や書籍（セルロース学会, 2000）を参照されたい．

4.1　バクテリアにおけるセルロース生合成

　セルロース生合成の研究のモデル生物は酢酸菌（*Acetobacter xylinum*）であった（Wong *et al.*, 1990）．このようなバクテリアでは，一つながりの遺伝子群（オペロン）がセルロース生合成に関与することが知られている．オペロンとは，1つのプロモータに連なる遺伝子群で，これら一連の遺伝子が同時に誘導されることではじめてセルロース合成が可能となる．

　近年では，サルモネラ菌や大腸菌などのバクテリアにおいてもセルロース合成酵素遺伝子が同定され，そのすべてが同様のオペロンを形成していた．これら異種間のセルロース生合成オペロンにおいて，2つの遺伝子すなわちセルロース合成触媒領域（*BcsA*）および活性因子であるサイクリックジグアニル酸の結合領域（*BcsB*）をコードする遺伝子が共通に存在する．

　触媒領域 *BcsA* は約 800 のアミノ酸残基よりなり，オペロンの中でその配列が最も種間で高度に保存されている．アミノ基末端（N 末端）およびカルボキシル基末端（C 末端）に比較的保存されていない部分があるが，中央部の D, D, D,

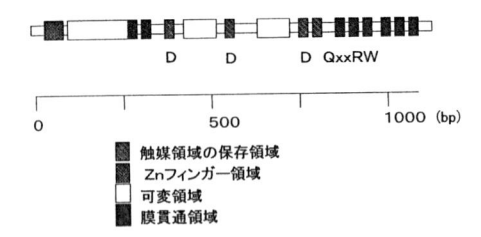

図 4.1 バクテリアでは *BcsA*，植物では *CesA* と呼ばれるセルロース合成において触媒作用を担う遺伝子の配列

QxxRW という部分はグルカン鎖形成に関わる重要な部分である（図 4.1 参照）．

活性因子，サイクリックジグアニル酸は触媒領域をアロステリックに活性化する．アロステリック分子とは，タンパク質の機能部位とは異なる部位に結合して全体の立体的な構造を変化させることで，タンパク質の機能を制御する分子を意味する．

4.2 植物におけるセルロース生合成

植物においてはバクテリアのオペロンに相当する遺伝子群はない．ワタ繊維細胞からはじめて単離された遺伝子（*GhCesA*，*Gh* はワタ，*CesA* はセルロース合成酵素遺伝子）はバクテリアでいう触媒領域に相当するものである（Pear et al., 1996）．その遺伝子はおよそ 1,000 アミノ酸残基よりなるポリペプチドをコードし，アミノ基末端で 2 回，カルボキシル基末端で 6 回細胞膜を貫通する 8 回膜貫通型の構造をしており，中央に細胞質側に位置する領域をもつ（図 4.2 参照）．この中央の領域にはバクテリアの *BcsA* と同様に，D, D, D, QxxRW というグルカン鎖形成にかかわる重要なアミノ酸配列が存在する．

この発見をきっかけに植物からセルロース合成酵素が次々と発見された．全ゲノム配列が解明されたシロイヌナズナ（*Arabidopsis thaliana*）では少なくとも 10 個のセルロース合成酵素の遺伝子が確認されており（*AtCesA1〜10*，http://cellwall.stanford.edu/），これらのコードするポリペプチドの全てが 8 回膜貫通型領域を含み D, D, D, QxxRW モチーフおよび Zn フィンガー領域と考えられる部分を有する．これら複数のセルロース合成酵素は同じ役割を担うのではなく，発現パターンや発現レベルの違いから複雑な調節を受けてそれぞれに機能するものと考えられている．細胞が拡大するときに形成される一次壁のセルロース合成

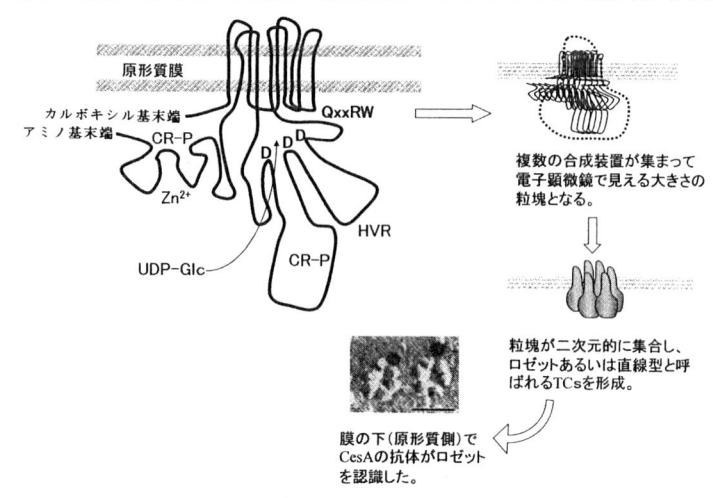

図4.2 セルロース合成酵素の触媒領域ならびにロゼット型TCとの関係を示す模式図

写真は原形質膜上のロゼット型TCを細胞の内側から眺めたもの．セルロース合成酵素を認識するラベル（黒い粒）が結合していることから，合成酵素の触媒領域がロゼットの細胞質側にあることが可視化された（Kimura et al., 1999）．

にはAtCesA1, 3, 6が関与し，拡大後二次壁形成時のセルロース合成にはAtCesA4, 7, 8が主に関与する．またAtCesA7と8は対になって機能することなどが示されている．

　セルロース合成酵素は原形質膜に結合したタンパク質である．膜タンパク質を可視化するフリーズフラクチャー法という電子顕微鏡手法により，CMFの鋳型末端に顆粒の集まりが認められ，これを末端顆粒複合体（TC：terminal complex）と名づけた．植物では6つのサブユニットよりなる六角形の顆粒集合体を形成し，ロゼットと呼ばれる．最近になって，このロゼットが植物のセルロース生合成を担うことが直接証明された．図4.2に写真で示したように，GhCesAの組み換えタンパク質の抗体がロゼットを特異的に認識したことで，ロゼットがセルロース合成に関与し，触媒領域が原形質膜の内側にあるという一連の考えが証明された（Kimura et al., 1999）．

　図4.2に示すようにロゼットの形成には，合成酵素レベルから考えると単一酵素から顆粒へ，さらに顆粒からロゼットへと数段階の高次構造が予想される．その第1段階に相当する合成酵素の複合にはZnフィンガー領域が機能していると推察されている．

セルロース生合成の生化学的全容も解明されつつある．スクロース合成酵素がセルロース合成の盛んな部位に局在することが報告され，ある種の膜結合性スクロース合成酵素がセルロース合成酵素に基質となるUDP-グルコースを供給することがわかっている．また膜結合性のセルラーゼの関与も明らかになってきている．何がセルロース合成のスターターであるのかという点に関しても，グルコースの還元末端にシトステロールが結合したシトステロール・グルコースであることが最近になって見出され，今後の進展に弾みがつくものと予想される（Peng et al., 2002）．

4.3　セルロース合成酵素の構造について

セルロース合成酵素はUDP-グルコースを基質とするグリコシルトランスフェラーゼである．アミノ酸配列に基づく分類によると，セルロース合成酵素はグリコシルトランスフェラーゼファミリー2（GT2）に分類されている（http://afmb.cnrs-mrs.fr/CAZY/）．グリコシルトランスフェラーゼには糖転移を連続して行わないもの（非プロセッシブ）と糖転移を複数回連続して行うもの（プロセッシブ）があるが，GT2には非プロセッシブのものもプロセッシブのものも含まれている．またGT2のグリコシルトランスフェラーゼの反応機構はαアノマーからβアノマーへの立体反転型である．

SpsAはセルロースやキチンの合成酵素など重要な酵素を含むGT2に属し，唯一構造が明らかにされたタンパク質である（Charnock and Davies, 1999）．SpsAは全体の大きさはおよそ4.5 nm×4.0 nm×3.6 nmでアミノ基末端の領域はヌクレオチドの結合部位であり，一方，カルボキシル基末端領域は溝状で受容体の結合部位であることがわかった．

セルロースは2回らせん構造をとっている．そのため図4.3に示すように，2つのUDP-グルコースがセルロース合成酵素の2つの活性部位で180度反転して配置するような2つの触媒中心を仮定し，UDP分子が伸張鎖の非還元末端に付加されるモデルが提唱された（Saxena et al., 1995）．一度に2つのグルコースが同時あるいは連続して結合することは180度反転した分子の繰り返し高分子であるセルロースやキチンの合成に都合がよいことによる．しかしSpsAの構造では触媒部位は1つしかなかったため，セルロース合成酵素の触媒部位もまた1つであると考えられている．β-1, 4結合のまわりで最大120度の回転が可能であ

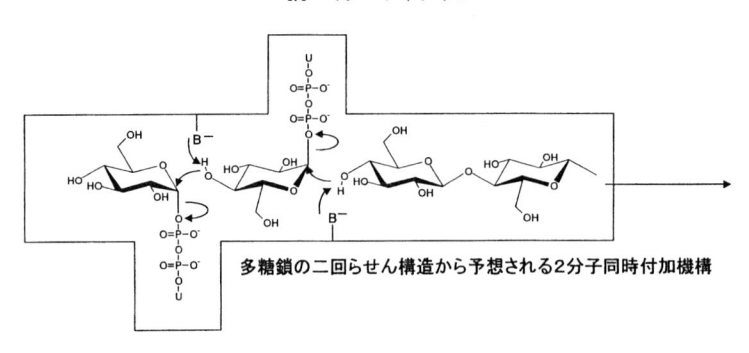

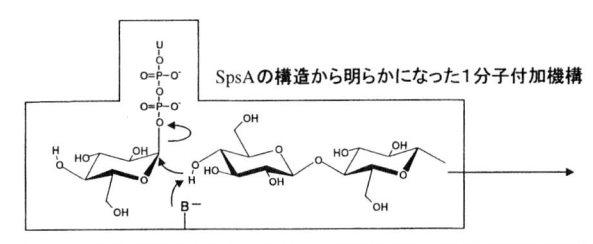

図 4.3 セルロース合成酵素の中で，モノマーが伸長する分子鎖の非還元末端に付加していく機構を示すモデル

当初，2回らせん対称をもつ分子を形成するのに，モノマーが反転した形で結合する領域が2つあると提案されたが，今では結合領域は1つであることが有力となっている．

ると考えて，1つおきの残基が触媒部位を出た後で反対向きに緩和されることでセルロース合成が進むと考えている．

分子鎖の伸張方向については，セルロース分子の還元末端が合成サイトから遠ざかる方向，すなわち基質分子の付加は非還元末端側であることが実験的に確かめられている（Koyama et al., 1997）．こうして合成された分子鎖は集合，結晶化してミクロフィブリル（CMF）を形成する．

4.4 ミクロフィブリル—分子から結晶形成

セルロースミクロフィブリル（CMF）の太さは高等植物より藻類の方が大きい．それはCMFを構成する分子鎖の数が違うことを意味する．図4.4に代表的なミクロフィブリルの形状を模式的に示した．

セルロース分子は，分子鎖長軸方向からみると幅広のリボン状である．そのリボン状の分子は約45度傾いた状態で，図の横方向に約0.5 nm間隔で，縦方向

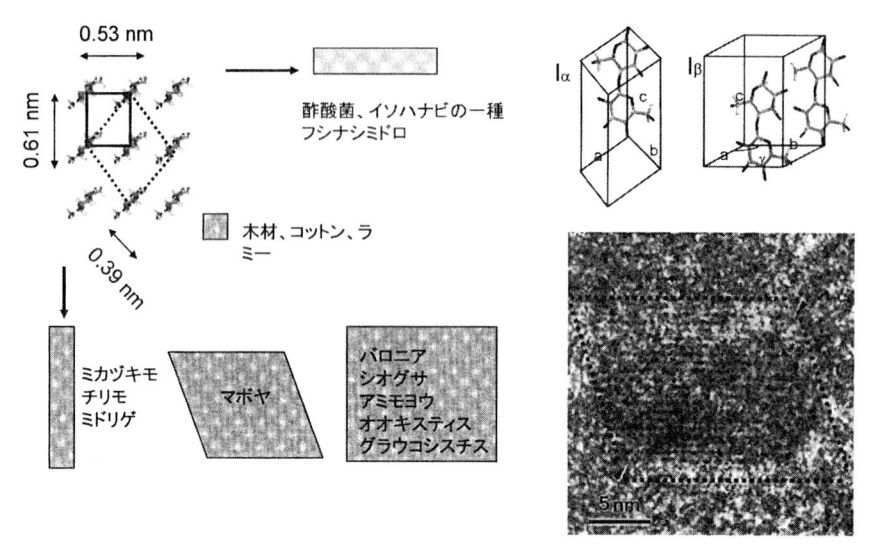

図 4.4 CMF の断面形状と結晶学的要素の関係

分子断面の図において，実線枠が I_α，点線枠が I_β に相当．結晶単位格子の三次元表示においては紙面上方向が c（繊維）軸であり，分子鎖の還元末端側が同一方向を向いている．ホヤの CMF 断面の結晶格子像，水平方向に 0.6 nm 間隔の格子縞，縦方向に 0.53 nm の格子縞が見え，線の交点は分子の個々の分子鎖に相当する（Helbert *et al.*, 1999）．

0.6 nm 間隔で充填されている．この結合は疎水的な結合でファンデルワールス力による．それに対してリボンに平行な方向（図で右上から左下への対角方向）は水素結合による．これらの疎水性と親水性の 2 つの作用によって CMF は結晶化する．

単細胞緑藻のバロニアでは細胞そのものが直径 2 cm にも大きく育つものがあるが，CMF の幅はせいぜい 20 nm である．しかしそれでも CMF としては最大級で 1,000 本以上の分子鎖の束なりである．1 個の細胞を地球にたとえれば，1 本の CMF 断面は一辺 10 数 m の矩形に相当し，それはちょうど新幹線の高架橋ほどの構造物が地球を隙間なく幾重にも巻いているのに相当する．現在，市販の電子顕微鏡を用いるとセルロースの分子が CMF の内部に並んでいる様子を可視化することができる（図 4.4 の写真参照）．それは，2 cm の細胞を地球とすると，地上の約 30 cm 間隔で並ぶ縞模様を見ていることになる．

セルロースが結晶化する際，まずファンデルワールス力によって結合した分子シートが形成された後，各シートが積層して三次元的に形が形成されるという．

図4.4に示したように酢酸菌などは図の横方向に長く扁平であるから，それに垂直な0.61 nmで分子が並ぶシートが最初に形成されて積層されたと考えられ，また一方ミカヅキモでは0.53 nmで分子が並ぶシートが最初に形成されて積層されたと考える．このような考え方でさまざまなセルロースの断面形状の成因を説明したり，また後述するTC形状との関連が議論されている．合理的なアイデアであり，計算科学的手法によって裏づけられている（Cousins and Brown, 1995）.

結晶構造については次章で述べるが，簡単に触れておく．^{13}C NMRによってセルロースIにはI_αとI_βの2成分があり，生物によってその存在比が異なることが明らかになっている．図4.4に示すようにI_αとI_βがそれぞれ三斜晶系と単斜晶系の結晶単位であり，I_αの方がエネルギー的に不安定である．

4.5 TCの形態にみられる多様性とセルロースの高次構造

先に述べた合成酵素や末端顆粒複合体（TC）とセルロースミクロフィブリル（CMF）構造の関係をみてみよう．これまでにわかっているTCの形態の多様性について，5界説に基づく生物の系統樹に当てはめて整理したものを図4.5に示した．

緑藻から高等植物に至るラインに関しては，ロゼット型TCはセルロースI_βを，リニア型TCはセルロースI_αを合成するという関係が当てはまり，進化の上での境界がシャジクモにあるという．現在もこの仮説に当てはまるものが圧倒的に多い．しかし例外も見つかっている．

動物のホヤは純粋なセルロースI_βを合成するが，それを合成するTCはロゼット型とは全く異なっている．したがって，TCの構造や二次元的な配列だけが，結晶化を制御しているとするのは少し早急で，応力や外部環境なども影響すると考えられている．

TCの構造については，構成単位である膜顆粒が原形質膜を貫通しているか，原形質に接する内葉あるいは外葉に主体を置くのかで8つの種類に分類できる（奥田・空閑，2000）．ここでは藻類に見られる直線型のTCと2種類のロゼットTCを取り上げて，CMFとの関係を見ることにする．

単独のロゼットは高等植物のCesAの集合体である．膜面で観察すると約8 nmの扇形の顆粒が6個，円形となるように集合している．この顆粒は原形質膜の内葉（細胞質側）に存在するので，図4.5ではロゼットの上に原形質膜が位置

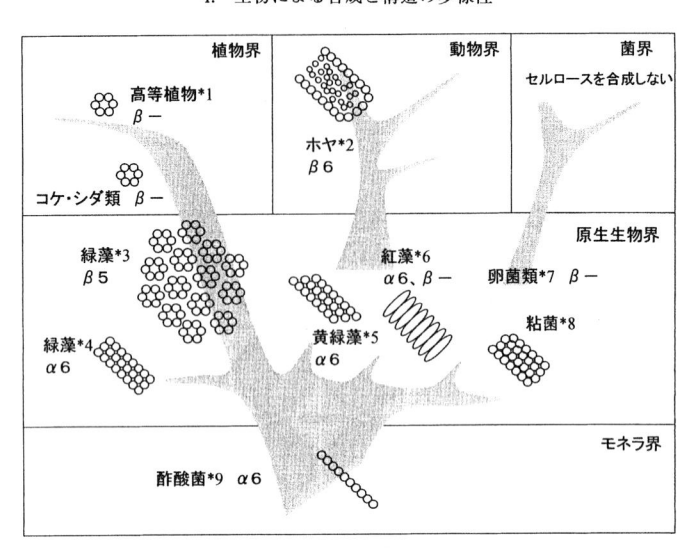

図 4.5 TC の形状の多様性

バクテリアでは一列の直線型 TC が観察され，これは細胞膜内を動かない固定された TC であると考えられている (*9)．粘菌では，多列の直線型で変化に富む形状が観察された (*8)．植物では，緑藻オオキスティスで TCs が発見されて以来，さまざまな藻類で多様な TCs が観察されている．バロニア，マガタマモでもオオキスティスと類似の 3 列リニア型 TCs が観察され (*4)，フシナシミドロではサブユニットが斜めに並んだリニア型 TCs が見つかっている (*5)．また，紅藻のイソハナビの一種では 4 列リニア型 TCs が見つかった (*6)．より進化した緑藻であるホシミドロ目のチリモやミカヅキモ (*3) では集合ロゼット型 TCs が，さらに進化した車軸藻類では陸上植物と同様の単独ロゼット型 TCs が観察された (*1)．唯一動物界でセルロースを合成するホヤは，直線型ともロゼット型とも異なる特徴をもつ (*2)．
詳細は「セルロースの事典」(2000) を参照のこと．
記号：α (I_α 結晶タイプ), β (I_β 結晶タイプ), 6 (0.6 nm 面配向), 5 (0.53 nm 面配向), -（面配向なし）.

し，その上に CMF があるとしている．ロゼット TC は幅が約 4 nm の CMF を合成するとされ，図 4.4 で示したように分子が充填されていると仮定すると，一辺の分子鎖の数は 6~7 本であるので，36 本から 49 本の束となる．したがって，1 つの顆粒の中では，分子が 6~8 本合成されるという計算になる．この 6 本ないし 8 本が，まず疎水的な結合によって分子シートを形成し，さらには他の顆粒起源の分子シートと重なりあって，CMF が形成されると考えられている．CMF 自体には，後述するような結晶面の配向は目立たない．おそらく細い CMF はねじれているのだろう．

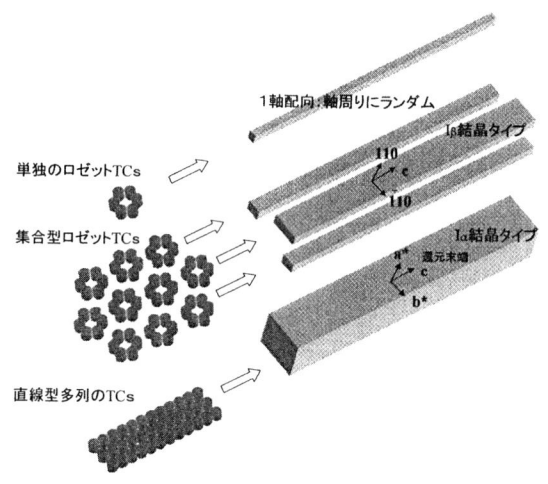

4.5 TC の形態にみられる多様性とセルロースの高次構造

図 4.6 いろいろな TC タイプと合成後のセルロースミクロフィブリルの特徴

　集合型のロゼットが淡水緑藻に見られるが，そこでは，一連の縦列集団から合成された CMF が相互に束になり扁平な CMF を形成する．このとき結晶の 0.53 nm の格子面がおおむね細胞表面に平行に配向するのが特徴である．また合成される結晶は I_β 型である．

　一方，海藻類では，多列の直線型の TC が観察される．バロニアを例に取り上げると，直径約 8 nm の顆粒が 3 から 4 列直線状に数十個並んでいる．直線型の TC については，その幅が CMF の高さに，また TC の長さが CMF 幅と相関があるとされる．例外もあることが知られているが，仮に正しいとして，バロニアの CMF が一辺 33～38 本の分子を含んでいるので，これが 3 列で合成されるとすると，ひとつの顆粒は 10 本以上合成する計算になる．ロゼットの顆粒に比べて多いが，前述の CesA には植物種により変動する領域があるため，そのタンパク質の高次（複合体）構造に変化が生じる結果と考えれば理解できる．

　CMF については，0.6 nm の格子面が細胞壁表面に対して平行に配向するのが特徴である．また結晶の a^* 軸がおおむね細胞の外側を向いており，ミクロフィブリルの堆積が精密に制御されている．

　以上述べたように，CMF の構造は合成の生物機構と密接に関わっており，CMF 構造を解くことは生物機構の解明にも役に立つであろうし，また逆に生物

機構の解明は，CMFの構造をより深く理解するために重要である．〔杉山淳司〕

文　献

1) Brown, R. M. and Saxena, I. M. (2000). *Plant Physiol. & Biochem.*, **38** : 57-67.
2) Charnock, S. J. and G. J. Davies, G. J. (1999). *Biochemistry*, **38** : 6380-6385.
3) Delmer, D. P. (1999). *Ann. Rev. Plant Physiol. & Plant Mol. Biol.*, **50** : 245-276.
4) 林　隆久 (2000). セルロースの事典（セルロース学会編），p. 48, 朝倉書店.
5) Helbert, W. *et al.* (1998). *J. Struct. Biol.*, **124** : 42-50.
6) 伊東隆夫 (2000). セルロースの事典（セルロース学会編）p. 70, 朝倉書店.
7) Kimura, S. W. *et al.* (1999). *Plant Cell*, **11** : 2075-2085.
8) Koyama, M. *et al.* (1997). *Proc. Natl. Acad. Sci. USA*, **94** : 9091-9095.
9) 奥田一雄・空閑重則 (2000). セルロースの事典（セルロース学会編）p. 60, 朝倉書店.
10) Pear, J. R. *et al.* (1996). *Proc. Natl. Acad. Sci. USA*, **93** : 12637-12642.
11) Peng, L. C. *et al.* (2002). *Science*, **295** : 147-150.
12) Saxena, I. M. *et al.* (1995). *J. Bacteriol.*, **177** : 1419-1424.
13) Wong, H. C. *et al.* (1990). *Proc. Natl. Acad. Sci. USA*, **87** : 8130-8134.

5. セルロースの強度の秘密—固体構造

5.1 強度と構造

　生物は巧みにミクロフィブリルを組織し，階層的な構造をつくることで形態を維持するのに必要な強度を確保した．この章では分子，結晶，ミクロフィブリルのレベル，すなわちオングストロームからナノメートルの次元でセルロースの構造とその意味を考える．

　細胞壁におけるセルロースの役割は引張り強度を支える要素であり，人類の誕生以後は人類がその特性を活かして用いてきた．セルロースの最も原始的な機能は水中で膨圧に伴う引張り応力に耐えることであり，高等植物になるにしたがってセルロース以外の疎水的な分子が複合化され，濡れても圧縮に強い材料—たとえば樹木となった．人工物では前者に相当するのが布などであり，後者のような疎水的な条件では高性能タイヤのタイヤコードに再生セルロースが用いられている．

　物が強度を発現するためには，分子レベルから巨視的構造のレベルまで各階層での構造が重要となる．分子結合が強くても分子間の結合が弱ければ分子間で破壊されるし，強固な結晶領域があっても結晶間が弱ければそこで破壊される．セルロースの結晶はきわめて微細だが，巨視的な強度を発現するためには微細な方が有利な場合も多い．多結晶体の場合一般に結晶の界面に応力が集中するためで，実際に金属材料などでは結晶粒子の微細化が大きなテーマとなっている．

5.2 結晶と非晶

　三次元的な繰り返し構造をもつものを結晶といい，それ以外のものはすべて非晶という．結晶といっても現実の世界，とりわけ高分子の世界では正確なくり返し構造にはならないことが多い．平均的な位置は周期的だけれども局所的には位置がずれていたり（第1種の乱れ），局所的な位置の相互関係はそれほどずれなくても乱れが積み重なって大きく見ると周期性が乱れていたりする（第2種の乱

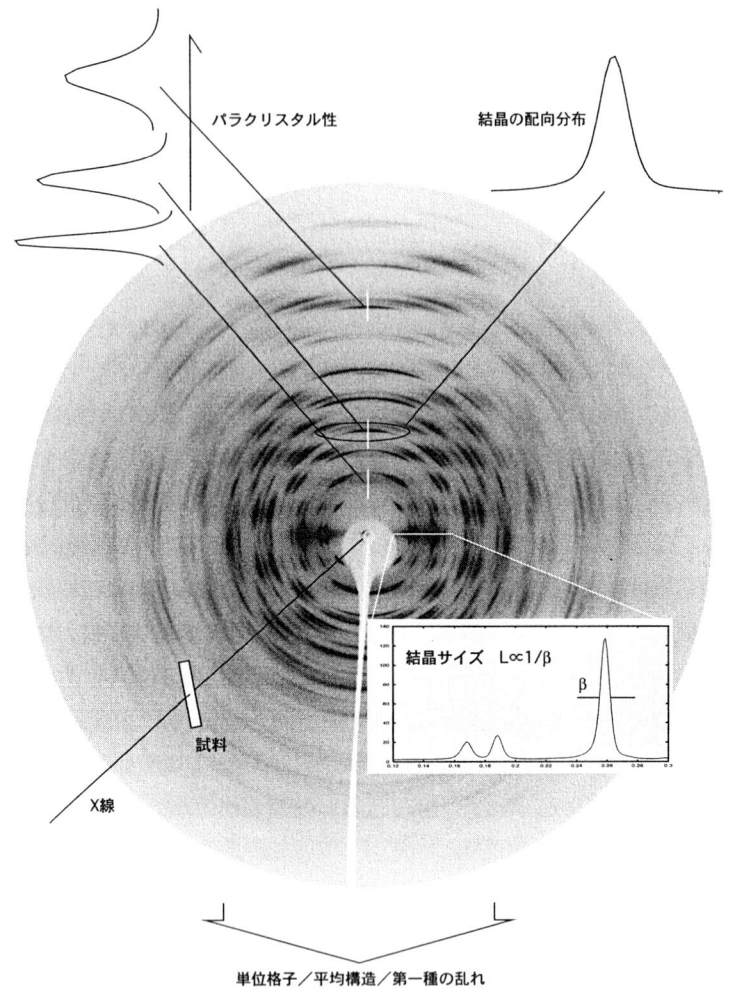

図 5.1 広角 X 線回折によってわかる構造

れ).後者のような乱れを含む結晶をパラクリスタルという.セルロースも一般的にパラクリスタルであることが確認されている.結晶の大きさも有限である.各種乱れの程度,結晶サイズ,平均的/理想的な結晶構造は主に波動(X線,電子線,中性子線)の回折によって調べることができる(図5.1).一般的には分子鎖が伸びきっている場合と,折り畳まれている場合があるが,セルロースは分子自身が剛直なため,折り畳みはきわめて例外的であると考えられている.

5.2 結晶と非晶

非晶については「結晶でない」だけなので,分子鎖は配向している場合もあるし完全に三次元的あるいは二次元的にランダムに配向している場合も考えられる.分子の配向は直交する偏光板(クロスニコル)の間で試料を回転させ,透過光強度の変化を見ることで調べることができる.これは偏光方向に対して分子鎖が斜めになっている場合のみ旋光が生じ,直交偏光板を光が透過するためである(分極特性が分子鎖方向とその直交方向で異なるため).分子鎖の形状は伸びきっている状態も考えられるし,ランダムコイル,あるいは収縮している場合も考えられる.これは材料物性にきわめて大きな影響を及ぼすはずであるが,今のところきちんと整理されていない.

非晶のみからなるセルロースを非晶セルロースと呼び,溶液からの再生や,物理的粉砕によって結晶を壊して非晶のみの試料を調製することができる.ただし調製条件によって容易に再結晶化する場合とそうでない場合が知られている.また非晶セルロースの中でも水や染料分子の入り込める領域とそうでない領域があり,さまざまな角度から評価する必要がある.

セルロース試料には結晶と非晶が混在している場合が多い.高等植物由来の天然セルロースは一般的に酸加水分解すると少量の重量減少で重合度200〜300程度まで急速に重合度低下し,その後は重合度減少せずに重量が減少する(図5.2, 5.3).ここで到達する重合度をレベルオフ重合度(LODP)と呼ぶ.再生セルロースの場合にLODPは40程度である.LODPの存在から,少なくとも一般的に各分子鎖は結晶領域と非晶領域を交互に通過すると考えることができる.さらに

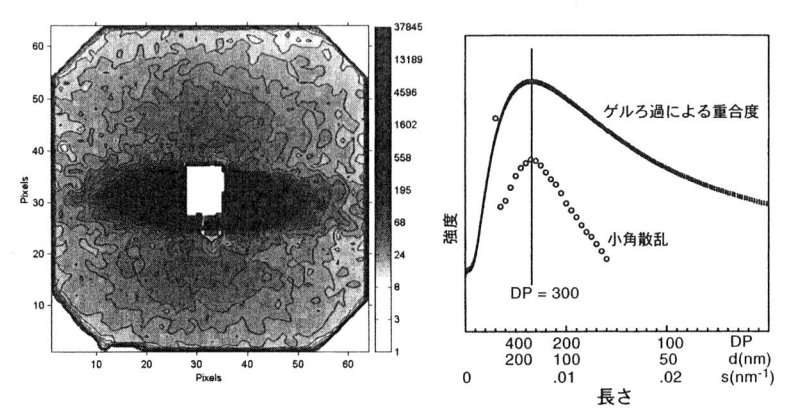

図 5.2 麻繊維を部分重水素化し,その前後の中性子小角散乱の差をとったもの(左)と,その縦方向の強度分布に酸加水分解物のゲル濾過の結果を重ねたもの(右)

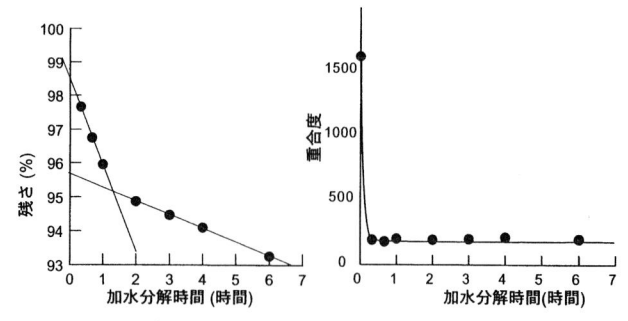

図 5.3 塩酸加水分解に伴う重量減少（左）と重合度低下（右）

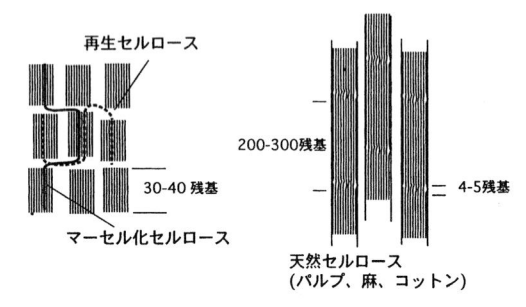

図 5.4 各種セルロースにおける分子鎖のトポロジーと結晶/非晶構造のモデル

再生セルロースの場合は，ヨウ素吸着物の電子顕微鏡観察，重水置換後の中性子線の小角散乱，加水分解後の X 線小角散乱によって実際に 14〜20 nm（DP = 30〜40）程度の周期構造が確認されている．天然セルロースの場合も加水分解による X 線小角散乱や，重水置換前後の小角散乱の差に長周期が見られる（図 5.2）が，たとえば麻繊維の場合，この長周期を構成する非晶は大きく見積もっても 1.5% である（図 5.3）．

結晶成分の割合を結晶化度と呼び，重量分率 χ_w や体積分率 χ_v であらわされる．非晶と結晶の二成分系では X 線回折によって結晶成分による鋭いピーク成分と非晶による散漫散乱成分の強度比が χ_w を与える．ただし，この測定は原理的には試料が完全にランダム配向している必要があり，現実にはむずかしい．通常は一定の条件で測定し，適当な結晶化指標を定めて試料間の比較を行う．

また固体 ^{13}C 核磁気共鳴（NMR）スペクトルの C4 のケミカルシフトは大きく 2 つの成分にわけられ，そのピーク強度比と X 線結晶化度は良い相関を示している．X 線で測定されるのは三次元的な充填様式の規則性であり，NMR で測定さ

れるのは分子鎖のコンホメーションである．結晶格子に充填されると同時に分子鎖が制約を受けてとりわけグリコシド結合の部分で歪む．そのため結晶と非晶の違いはNMRではとりわけC4に大きく現れるのである．その際にコンホメーションのエネルギーは大きくなるが，密な充填による分子間相互作用の安定化の寄与がその効果を上回るのである．

5.3 結晶構造

天然セルロースの結晶構造はセルロースIと呼ばれる．セルロースIには構造の似ている2つの結晶形IαとIβがあり，多くの場合この2成分が同じミクロフィブリルに共存している．地球上で最も多い高分子結晶は当然セルロースIである．一方，いったん溶解してセルロースIを再生することは通常不可能で，一般的にセルロースIIが再生される．したがってセルロースIIは産業的に重要な結晶形である．これらの結晶形はDNAの構造解析と同様に1970年代に繊維のX線回折パターンとコンピュータによるモデル計算によっておよその構造が決定された．さらに1990年代以降，高結晶性試料と中性子線回折，電子顕微鏡などによって詳細で確実な構造が決められつつある．

結晶構造の大きな違いは，セルロースIでは分子鎖が平行でO6が分子鎖上の隣接残基のO2を向いている（図5.5）のに対して，セルロースIIでは分子鎖が逆平行でO6は同じ残基のO5の側を向いていることである．（C5-C6の結合方向から見てO5に対してトランス，C4に対してゴーシュの位置にあることから

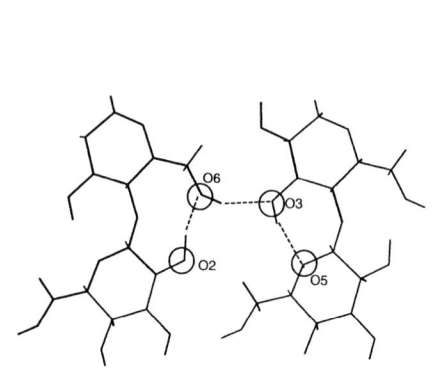

図 5.5 セルロースIにおける水素結合様式 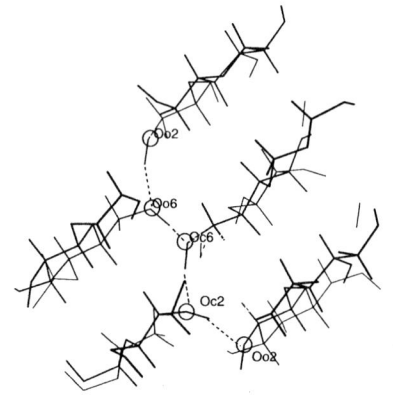　　　図 5.6 セルロースIIにおける水素結合様式

前者を tg, 後者はその逆で gt のコンホメーションをとっている, という). このため, セルロースⅠでは O2 と O6 が分子鎖に平行に水素結合し, セルロースⅡでは分子鎖間で O6-O2 が分子鎖に垂直に水素結合している (図 5.6).

5.4 結晶の弾性率

結晶の弾性率は究極的な試料の弾性率である．実際には結晶間で変形するのでバルクの試料では結晶の弾性率は通常達成できないが，複合材料としてマトリクスに埋め込まれ接着のよい場合には結晶弾性率の威力を発揮することができる．

結晶の弾性率は試料に応力を掛け，結晶格子の変形を X 線回折により測定することによって求めることができる．分子鎖方向の弾性率についてセルロースⅠについては 120 から 140 GPa, セルロースⅡについては 90 GPa 程度と報告されている．この違いは結晶中での水素結合の向きによるものである．

水素結合強度は IR スペクトルから間接的に知ることができる．たとえば水酸基の水素結合が強い場合，水素が受容体に引張られるため OH 間の距離が広がり，バネ定数が弱まる．そのため OH 伸縮振動の赤外吸収スペクトルは孤立している場合に比べて長波長（低波数）側にシフトするのである．偏光赤外の吸収スペクトルにおいてセルロースⅡでは分子鎖に垂直な方向に強い水素結合を示すピークが観測されるのに対して，セルロースⅠでは分子鎖に平行なピークが多い．この水素結合によってセルロースⅠは分子鎖方向の引張に対してより抵抗するのである．

5.5 膨潤処理

1）マーセル化

セルロースのさまざまな高付加価値化については第 9 章に詳しく述べられるが，ここでは膨潤処理による構造変化について触れる．

イギリスの綿業者 Mercer は 1844 年に木綿で水酸化ナトリウム水溶液を濾過した際にアルカリがフィルターに残ることを見出して研究に取り組み，より高濃度アルカリ処理でセルロースの強度と染色性が増すことを見出した．これがマーセル化の由来である．アルカリが水素結合を切断し結晶内に侵入することによって繊維は大きく膨潤するが（特殊な条件をのぞいて）溶解するには至らないのである．緊張させながらマーセル化すると絹様光沢が得られ，弛緩した状態で処理

すると伸縮性のある布が得られることから工業的にも利用されてきた．またアルカリ膨潤はエーテル化など化学修飾に当たってセルロースの反応性を上げるために用いられる．

ところで，このマーセル化にともなってセルロースはセルロースⅠからセルロースⅡへと変化することが後で知られるようになった．この過程が一見固相のまま起きることが，セルロースⅠとセルロースⅡの結晶構造を巡って多くの研究者の頭を悩ませることになった．すなわち，セルロースⅠが平行鎖でセルロースⅡが逆平行鎖構造だとすれば，固相のまま分子鎖の向きがひっくり返るか，上向きの結晶と下向きの結晶が分子鎖を交換しなければならない，というわけである．

筆者は次のように考える．マーセル化は固相の変化だが，実際にはミクロフィブリル構造が大きく変化する．セルロースⅠαからセルロースⅠβへの結晶変態が260℃の高温処理で微結晶の形態を変化させずに進行するのに対して，マーセル化は微結晶の形態を破壊する．LODPも40〜80程度に低下し，結晶化度も大きく変わる．逆に，そのミクロフィブリル構造の変化こそが繊維の強度や染色性の向上といった物性に寄与しているのである．もとの結晶の一体性が確保されている間はセルロースⅠからセルロースⅡへの変化は起きないのだから，局所的に見ればこの反応は固相反応とはいえず，溶解・再結晶化に近い．ただ分子量が大きいために巨視的には一体性を保っているものと見るべきだろう．

ところで，マーセル化したセルロースⅡと溶解再生したセルロースⅡでは通常の回折で見られる構造はほぼ同じだが，形成の過程を考えると大きな違いが予想される．すなわち天然セルロースミクロフィブリル中ではセルロース分子は完全に伸びきっていると考えられ，重合度2,000であれば1 μmの長さにわたる．マーセル化してもトポロジーはほとんど変わらず，分子鎖同士の絡み合いも少ないだろう．溶解再生した場合には20残基分を持続長としても，両端間の距離は10分の1になる．実際にマーセル化セルロースはSO_2/アミンへ溶解するのに対し，溶解再生セルロースは溶解しないなど物性面で大きな違いが見られる．

2) アンモニア処理

強度と染色性の向上，防縮，形状安定などの目的で液体アンモニア処理がしばしば行われる．この処理も結晶形の変化をともなう（セルロースⅠ→セルロースⅢ）が，マーセル化と異なるのは結晶変態が可逆的なことである．また条件によっては微結晶の形態を全く変えずに結晶変態する．エチレンジアミンも同様の効

果をもち，アミンとセルロースに特有の相互作用が働いているらしい．

　このようにして得られるセルロースⅢは平行鎖構造だが，O6とO2の水酸基の向きはセルロースと同様に分子鎖に垂直な方向を向いている．アンモニアやエチレンジアミンはセルロース結晶格子内に侵入し，水酸基に配位して複合結晶を形成する．ここから抜ける際に結晶は元にもどらず，強い分子間水素結合をもつセルロースⅢになるのである．

　処理によって得られる物性の由来は，マーセル化の場合と同様に結晶構造の変化よりも結晶構造の一部破壊や，ミクロフィブリル間の水素結合の組換え，安定化によるところが大きいだろう．たとえば，アンモニア処理後に高温水蒸気処理を施すと結晶形はセルロースⅠに戻るが，形状安定性は向上するということからも結晶構造の違いでは説明できない．しかし形状安定化機構の詳細は明らかになっていない．

〔西山義春〕

6. 生物による分解と代謝

6.1 セルロースを分解する生物

　セルロースを分解する生物は，好気性細菌，嫌気性細菌，また動物や昆虫の消化器官に存在するルーメン細菌，放線菌，酵母，麹菌やカビなどの子嚢菌，キノコを形成する担子菌など多岐にわたる微生物に幅広く存在し，それぞれが多様なセルロース分解酵素系を有していることが知られている（大宮，2000）．また，最近では，シロアリやその腸内原生動物にもセルロース分解酵素系が存在することが明らかとなってきている（渡辺ら，2001）．さらに，セルロース分解酵素は生物によるエネルギー獲得代謝のために存在すると従来は考えられてきたが，最近では植物の細胞壁形成や組織・器官形成においてもセルロース分解酵素系が重要な働きをしていると考えられている（林，2002）．

6.2 セルラーゼの名称とその分類

　生物によるセルロース分解において最も基本的な反応はセルロース分子鎖 β-1,4-グルコシド結合の加水分解であり，その反応を触媒する酵素タンパクを総称してセルラーゼと呼んでいる．しかしながら，セルラーゼは単一の酵素ではなく，同一の生物でもセルロース分解の過程で酵素分子種の異なる多様なセルラーゼを生産していることが知られている．また，個々のセルラーゼではセルロース分子鎖の認識と分解様式などに大きな差が認められている．

　従来，セルラーゼはセルロース分解特性の差異によってエンド型グルカナーゼ（endo-glucanase：EG）とエクソ型グルカナーゼ（exo-glucanase，通常はセロビオヒドロラーゼ cellobiohydrolase：CBH と呼ばれることが多い）に大別されてきたが，現在ではセルラーゼを単純に EG と CBH で分類することは不適切で，また不十分であることが知られている．しかしながら，EG や CBH という名称がすでに定着しているため，これらの用語は今でもセルラーゼの呼称として広く用いられている．さらに，EG と CBH に対して，EG Ⅰ，EG Ⅱ，EG Ⅲあるい

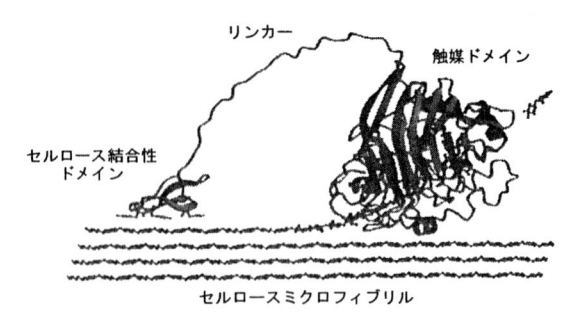

図 6.1 代表的なセルラーゼ（CBH I）の分子構造

はCBH I，CBH IIといった番号などを付け個々の酵素を区別することが一般的に行われている．

近年，糸状菌や細菌などセルロース分解性微生物が生産するセルラーゼの高次構造がX線回折やNMR分析などに基づき明らかにされてきた．その結果，図6.1に示す *Trichoderma reesei* のCBH Iの例のように，多くのセルラーゼではセルロース分子鎖の加水分解機能を有する触媒ドメイン（catalytic domain），セルロース結合性のみを有する小さなドメイン（cellulose binding domain：CBD．最近ではcarbohydrate binding module：CMBと呼ばれる場合も多い），さらに両ドメインをつなぐリンカー（linker）部分から構成される高次構造を有する一本鎖のタンパク質であることが示されている．しかし，セルラーゼによってはセルロース結合性ドメインをもたないセルラーゼや，またいくつかのセルラーゼと他のタンパク質や酵素とが結合したセルロソームとよばれる高分子複合体の一部分として存在することが *Clostridium* 属細菌などで知られている（森，2002）．

最近になって，多くの糖加水分解酵素においてそのタンパク質分子の高次構造が明らかにされてきているが，その触媒ドメインの構造の相同性によりこれらはファミリーとして分類されている．セルラーゼの分類においてもこの方法が適用されるようになってきている．微生物が生産するセルラーゼは，ファミリー5，6，7，8，9，12，44，45，48，61，74など少なくとも11以上のファミリーに分類されており，この情報についてはインターネット上（http://afmb.cnrs-mrs.fr/CAZY/index.html）に公開されている．このうちセルロース分解性糸状菌の主要なセルラーゼについての分類については表6.1に示したが，*Trichoderma reesei* のCBH IとEG Iのように同一ファミリー内に複数の異なる酵素が存在する場合もあり，このことからセルラーゼが多様な酵素タンパク群によって構成

表6.1 構造に基づくファミリーによる糸状菌セルラーゼの分類

従来からの呼称	起源糸状菌の学名	セルラーゼの構造に基づくファミリー分類	ファミリーに基づく名称	プロトン供与アミノ酸残基	親核性/塩基性アミノ酸残基	開裂様式
EG II	*Trichoderma reesei*	5	Cel5A	Glu	Glu	Retention
EG I	*Schizophyllum commune*	5	Cel5A	Glu	Glu	Retention
CBH II	*Phanerochaete chrysosporium*	6	Cel6A	Asp	Asp	Inversion
CBH II	*Trichoderma reesei*	6	Cel6A	Asp	Asp	Inversion
CBH I	*Trichoderma reesei*	7	Cel7A	Glu	Glu	Retention
CBH (CBH58)	*Phanerochaete chrysosporium*	7	Cel7D	Glu	Glu	Retention
EG I	*Trichoderma reesei*	7	Cel7B	Glu	Glu	Retention
EG I	*Humicola insolens*	7	Cel7B	Glu	Glu	Retention
EG III	*Trichoderma reesei*	12	Cel12A	Glu	Glu	Retention
EG V	*Trichoderma reesei*	45	Cel45A	Asp	Asp	Inversion
EG V	*Humicola insolens*	45	Cel45A	Asp	Asp	Inversion

されていることが理解できる．しかし，セルロース分子鎖のように β-1,4-グルコシド結合が直鎖状に重合した単純な高分子化合物に対して何故にこのように多様なセルラーゼが存在するのか，その代謝生理的な理由については未だに不明である．なお，ファミリー分類に基づき，たとえばファミリー7に属する *T. reesei* 菌由来の CBH I や EG I を Cel7A や Cel7B といった名称で呼び，所属するファミリーを明確に示すことが最近では推奨されている．

6.3 セルラーゼによるセルロース分子鎖の加水分解機構

セルラーゼによるセルロース分子鎖グルコシド結合の開裂機構は基本的には酸加水分解反応である．図6.2に示すように，その反応はセルラーゼの触媒中心に存在する1つの酸性アミノ酸残基のカルボキシル基（AH）からのグルコシド接合の酸素へのプロトン付加により始まり，それと連動して C1 位と酸素原子間の結合が開裂する．しかし，その後の水分子から C1 位への水酸基転移についてはセルラーゼの種類によって2通りの機構が存在することが知られている（Davies and Henrissat, 1995）．

すなわち，1つの機構は切断されたグルコース残基の C1 位がセルラーゼの触媒中心に存在するもう1つの酸性アミノ酸残基のカルボキシル基（B^-）と安定な中間体を形成し，同時にプロトン化を受けたグルコース残基が触媒中心から脱離する．それに引き続き A^- 基と C1 位の間に水分子が入り込み，さらに正荷電をおびた C1 位によって水分子から水酸基を引き抜き反応を完結する．この場

図 6.2 セルラーゼによるセルロース分子鎖の加水分解機構
a：リテンション型開裂，b：インバージョン型開裂.

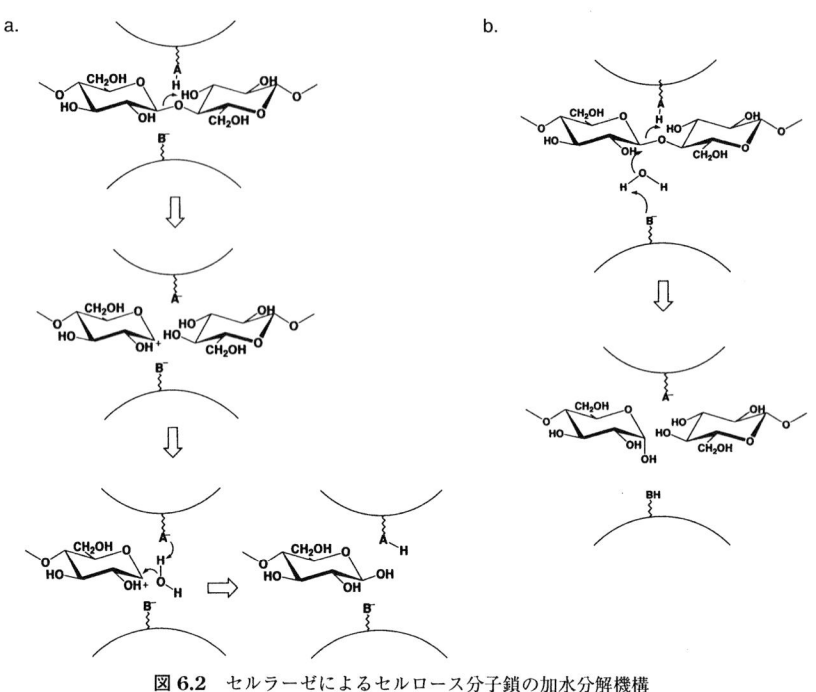

合，加水分解反応によって C1 位に導入された水酸基は元の β-グルコシド結合と同様に β 型の立体配置を保持しているので，このような加水分解様式をリテンション（retention）型開裂と呼んでいる（図 6.2a）．リテンション型開裂を行う酵素では，触媒中心に存在する 2 つのカルボキシル基（AH および B$^-$）は 0.5〜0.6 nm 程度の距離で対峙している．

一方，AH 基からグルコシド結合へのプロトン化による開裂と連動して B$^-$ 基と C1 位の間に配位していた水分子から水酸基が C1 位に渡されることにより加水分解反応を完結する反応を触媒するセルラーゼも存在する．この場合，導入された水酸基は β-グルコシド結合に対して立体配置的に反転して α 型となるため，インバージョン（inversion）型開裂と呼んでいる（図 6.2b）．また，この場合の触媒中心に存在する 2 つのカルボキシル基の距離は 0.9〜1.0 nm 程度とされている．

前節で述べたファミリーによるセルラーゼの分類とグルコシド結合の加水分解様式ならびに触媒中心で加水分解反応に直接的に関与する酸性アミノ酸残基の間

には明確な関係があり，同一ファミリーに属するすべての酵素でこの関係は完全に保存されている（表6.1）．

　セルラーゼの触媒中心でグルコシド結合の加水分解反応に直接関与している触媒残基はグルタミン酸（Glu）あるいはアスパラギン酸（ASP）のカルボキシル基であるが，加水分解反応を触媒するためには片方のカルボキシル基はプロトン化されており（AH），もう一方は解離している（B⁻）ことが必要である．これらのカルボキシル基のpKaは通常はpH4.0付近に存在することから，セルラーゼでは酸性領域に触媒活性の至適pHを有する場合が多い．しかしながら，これらのアミノ酸残基にさらにヒスチジンのような残基が配位することによってpKaを高pH領域に移動させ，それにより触媒の至適pHを中性から弱アルカリ側に有するセルラーゼも存在する．

　硫酸や塩酸などの強酸を触媒としてセルロース分子鎖のグルコシド結合を酸加水分解で切断するためには，煮沸などの高温処理を行う必要がある．これは分子鎖を切断する過程での反応中間体を形成するために多大なエネルギーを必要とするためである．これに対して，セルラーゼのような加水分解酵素ではセルロース分子鎖を触媒中心に捉えることで反応中間体を形成させるための活性化エネルギーを低減化させ，常温での加水分解を可能にしている．実際に，CBH Iではグルコシド結合切断部位の両側を合わせて9個のグルコース残基が触媒中心に取り込まれ，セルロース分子鎖が大きく曲げられて，しかも切断部位ではグルコース残基のピラノース環が大きく捻られていることがX線回折の結果により明らかにされており（Teeri *et al.*, 1998），これによりセルロース分子鎖の常温下での加水分解を可能にすると考えられている．

　セルラーゼの触媒中心付近の高次構造をみると，触媒中心の上からペプチド鎖ループが覆いのように被さっている構造をもつ場合と，このようなループ構造が欠落している場合とがある．たとえば，図6.3に示すファミリー7に属するCBH IとEG Iのように，従来CBHと分類されてきたセルラーゼは前者の構造を有し，一方EGと分類されてきたセルラーゼは後者のような構造を有している．また，両者の中間型のような場合も知られている．

　このような触媒中心を上から覆うループ構造がセルラーゼのセルロース分子鎖捕捉と分解様式に大きな影響を及ぼすことが知られている（Davis and Henrissat, 1995 ; Henrissat, 1998）．すなわち，図6.3に示すCBH Iのようにループ構造を

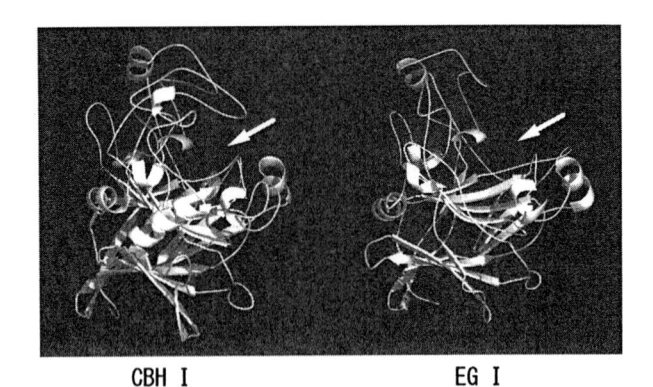

図 6.3 セルラーゼ触媒ドメインの構造
矢印は活性中心の所在を示す.

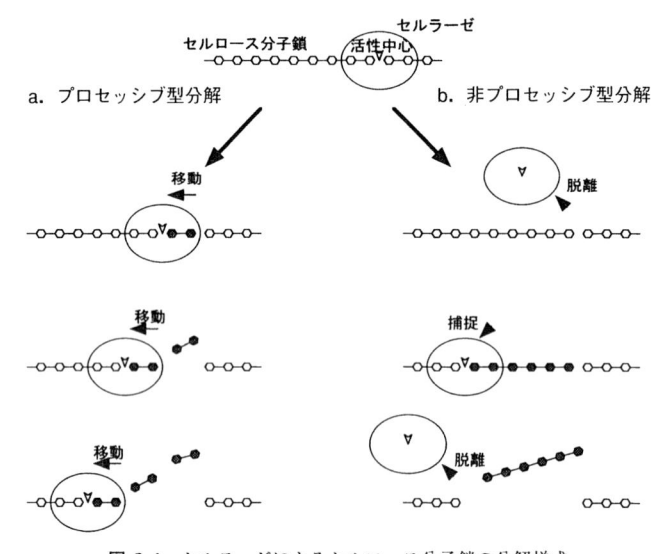

図 6.4 セルラーゼによるセルロース分子鎖の分解様式

有する場合，セルラーゼは一度捕捉したセルロース分子鎖を触媒中心に抱え込んだまま連続的に加水分解反応とセルロース分子鎖の触媒中心内での移動を繰り返す，いわゆるプロセッシブ (processive) 型分解を行うことができると考えられている (図 6.4a). また，プロセッシブ型セルラーゼでは，セルロース分解の主生成物としてセロビオースを与えることから，従来 CBH と呼ばれてきた酵素は基本的にはプロセッシブ型セルラーゼと考えてよい．一方，その反対に EG I のように活性中心を覆うループ構造が欠落している場合，セルラーゼはセルロース

分子鎖を捕捉して1回の加水分解反応を行うと分子鎖は触媒中心から離脱するため，新たに分子鎖を捕捉しない限りは次の加水分解反応は入れない，いわゆる非プロセッシブ（non-processive）型分解を起こすと考えられている（図6.4b）．また，この場合はグルコシド結合の切断はセルロース分子鎖上で非選択的に起こる．従来EGと呼ばれてきた多くの酵素は非プロセッシブ型セルラーゼといえる．さらに，カルボキシメチルセルロース（CMC）のように可溶性で単分子鎖として存在するセルロース誘導体の非プロセッシブ型分解においては分子鎖重合度に著しい低下が起こる．

セルラーゼに対するプロセッシブという概念は従来からのエンド-エクソの概念とは大きく異なる．すなわち，前者の概念ではセルラーゼが最初に分子鎖を捉える位置については全く議論をしていないのに対して，後者の概念ではセルラーゼがセルロース分子鎖の中央部分を捉えるか，あるいは端部分を捉えるかといったセルラーゼがセルロース分子鎖を捉える位置について問題を議論している．しかし，最近の研究では，CBHはEGと同様にセルロース分子鎖を中央部分から捉えることができることが示されているので（Armand *et al.*, 1997；天野ら，1998），セルロース分子鎖の分解という意味においては真のエクソ型グルカナーゼは存在しないと考えるべきである．

6.4　セルロースミクロフィブリルの分解様式

これまで述べてきたことはセルラーゼによるセルロース分子鎖の分解に関することであったが，セルロースが分散した単独の分子鎖で存在することは通常の状態ではまれで，複数の分子鎖が互いに配向性をもって集合した結晶性ミクロフィブリル構造の固体として存在する．また，セルロースのミクロフィブリル（CMF）構造はそれを生産した生物種や組織によって大きく異なり，さらに天然セルロースと再生セルロースに至ってはその構造は根本的に異なる．したがって，セルラーゼによるセルロースの分解特性はそのミクロフィブリルなどの分子鎖の集合形態の違いに依存して大きく異なる．

多くのセルラーゼでは，図6.1に示すように触媒中心ドメインとセルロース結合性ドメインをその分子内に有することをすでに述べた．セルラーゼ分子のプロテアーゼ処理により，あるいは遺伝子工学的にセルロース結合性ドメインを除去して得た触媒中心ドメインのみから成るセルラーゼでは低分子のセロオリゴ糖に

対する加水分解活性は保持されるが，固体の結晶性セルロースに対する加水分解活性はほとんど失われる．このことから，セルロース結合性ドメインの機能が固体の結晶性セルロースの分解には必須であることが理解できる．図 6.1 に示した CBH I など多くの糸状菌由来セルラーゼのセルロース結合性ドメインでは，チロシン（あるいはトリプトファン）残基の芳香環構造が 1.04 nm 間隔にほぼ同一平面上で直線上に並んだ構造を有していることが知られている．この構造はセルロース分子鎖におけるセロビオース単位の繰り返し構造に一致することから，芳香環によって形成された疎水的な平面を利用してセルラーゼはセルロース表面上に付着し，分子鎖方向に触媒中心を配向させることで結晶性セルロースミクロフィブリルの固体表面でも効率的に加水分解反応を行うことが可能となると思われる．しかし，その詳細な機構については明らかになっていない．

　プロセッシブ型と非プロセッシブ型セルラーゼの単独でのセルロースミクロフィブリルの分解特性を調べると，プロセッシブ型のほうが明らかに効率的に加水分解できることが示されている（Samejima *et al.*, 1998）．このことはプロセッシブ型の場合，セルロースミクロフィブリルの固体表面でひとたび捕捉した分子鎖を離すことなく連続的に加水分解できるためと考えられる．また，バロニアなどのように比較的大きな結晶構造をもつセルロースミクロフィブリルをプロセッシブ型酵素で分解すると反応が一定方向に進行していることが電子顕微鏡により観察できる．その結果，糸状菌 *T. reesei* 由来の CBH I では，図 6.5 に模式的に示すようにミクロフィブリルの分解は還元性末端から非還元性末端に向かって進行し，CBH II ではその逆に非還元性末端から還元性末端に向かって分解すること

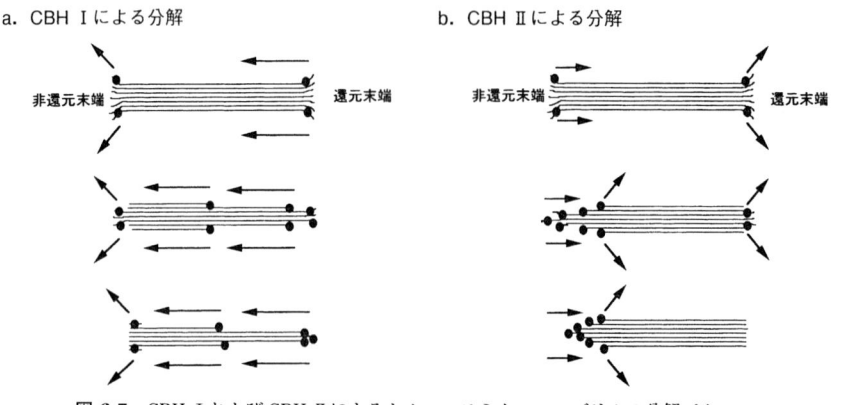

図 6.5　CBH I および CBH II によるセルロースミクロフィブリルの分解パターン

が明らかにされている（Sugiyama and Imai, 1999）．さらに，両者ではミクロフィブリルの細り方が異なるが，これはプロセッシブ性（1回の分子鎖捕捉で連続的に加水分解できる平均回数）も両者では異なるためではないかと考えられている．

　また，セルロースのミクロフィブリル構造の分解に対してはCBH ⅠとCBH Ⅱはいずれもミクロフィブリル端から分解が進行しているが，このことはCBHがセルロース分子鎖に対してエクソ性を有していることを必ずしも示しているわけではない．すなわち，セルロースミクロフィブリルではロープの両端のように他の部分にくらべて分子鎖どうしがほぐれていると考えれば，CBHによるセルロース分子鎖の捕捉は他の部分よりも確率的に高くなると考えられる．したがって，セルロース分子鎖の分解においてエクソ型グルカナーゼは存在しないと述べたことに矛盾しない．

　セルラーゼによるセルロースミクロフィブリルの分解速度を定量的に求めることはセルロースの酵素加水分解の効率性を評価するためにきわめて重要である．しかしながら，このことは必ずしも容易ではない．その理由として，セルラーゼによって吸着可能なセルロースミクロフィブリル表面積を正確に測定することが困難であること，セルラーゼがミクロフィブリル表面でセルロース分子鎖を加水分解するための前段階となるセルロース表面への吸着機構の定量的解析が十分に行えていないことなどが挙げられる．

6.5　糸状菌によるセルロース生分解機構

　セルロースの生分解機構に関する糸状菌 *T. reesei* 菌による従来の研究では，図6.6aに示すように菌体外でセルロースはセルラーゼによって加水分解されセロビオースに変換され，さらにβ-グルコシダーゼ（BGL）によってセロビオースがグルコースに変換された後，菌体内に取り込まれエネルギー源とされていくと考えられていた．しかし，最近ではこの考え方とは異なる考え方も提案されている（鮫島・五十嵐，2003）．その理由は，セルロース分解時に多くの糸状菌がセルラーゼBGLなどの加水分解酵素とともにセロビオース脱水素酵素（cellobiose dehydrogenase：CDH）と呼ばれる酸化還元酵素を生産することが明らかになってきているためである．CDHは適当な電子受容体の存在下でセロビオースをセロビオノラクトンに酸化する反応を触媒する酵素であるが，CDHが

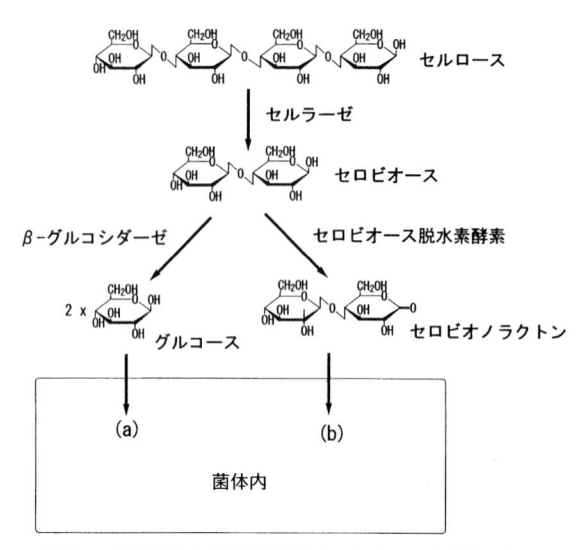

図 6.6 糸状菌による菌体外におけるセルロース分解スキーム
(a) β-グルコシダーゼが関与する分解経路
(b) セロビオース脱水素酵素が関与する分解経路

存在するとこの反応により CBH I などのセルラーゼでは反応生成物のセロビオースによる生成物阻害を受けることなく効率的に働くことができる．しかしながら，BGL のセロビオースに対する親和性は CDH に比べるといちじるしく低いため，生理的な環境下で BGL に CDH と同等の効果を期待することはできない．また，BGL のセロビオースに対する親和性を CDH のそれと比較すると，BGL の親和性がいちじるしく低い．以上のことから，CDH の存在下では BGL はセロビオース代謝に対して機能することができず，そのため，CDH を生産する多くの糸状菌では，図 6.6b に示すように CDH がセルロース分解でのセロビオース代謝において中心的な役割を果たしているものと予想される．

6.6 セルラーゼの利用

微生物の生産するいくつかのセルラーゼについては遺伝子組換え発現系などを利用して工業的に大量生産されており，さまざまな用途に利用されている（坂口ら，2000）．セルラーゼのような酵素は常温で触媒として効率的に機能することができる．そのため，利用において特殊な反応装置を必要としない，またセルラ

ーゼがタンパク質であるため使用後に環境中に排出されても容易に分解されるため廃液処理の必要がないなど，利用上多くの利点をもっている．セルラーゼはセルロース繊維の加工処理や洗剤成分としてすでに大きな市場を獲得している．また，とくに廃液設備をもたない小さな工場や家庭などはセルラーゼなどの酵素の適切な利用場所といえる．さらに，パルプ工業のような大きな工場プロセスにおいても酵素利用は新たに特殊な反応漕などを設置する必要がないため，簡易なプロセス改善策として注目され，セルラーゼによるパルプの改質や古紙リサイクル過程におけるトナーの脱墨処理などにおいてセルラーゼの利用が具体的に検討されている．さらに，最近になってバイオマス資源のエネルギー化への動きが再び活発化しているが，その中でセルラーゼなどの加水分解酵素によるセルロースのグルコースへの効率的な変換が注目を集めている．〔鮫島正浩〕

文献

1) 天野良彦, 他 (1998). 応用糖質科学, **45**, 151-161.
2) Armand, S. *et al.* (1997). *J. Biol. Chem.*, **272**, 2709-2713.
3) Davies, G. and Henrissat, B. (1995). *Structure*, **3**, 853-859.
4) 林 隆久 (2002). 植物細胞工学シリーズ17 植物オルガネラの分化と多様性 (西村いくこ他監修), pp. 204-207, 秀潤社.
5) Henrissat, B. (1998). *Cellulose Commun.*, **5**(2), 84-90.
6) 森 隆 (2002). セルロースの事典 (セルロース学会編), pp. 317-323, 朝倉書店.
7) 大宮邦夫 (2000). セルロースの事典 (セルロース学会編), pp. 301-306, 朝倉書店.
8) 坂口博脩, 他 (2000). セルロースの事典 (セルロース学会編), pp. 364-408, 朝倉書店.
9) Samejima, M. *et al.* (1998). *Carbohydr. Res.*, **305**, 281-288.
10) 鮫島正浩・五十嵐圭日子 (2003). 化学と生物, **41**(1), 22-26.
11) Sugiyama, J. and Imai, T. (1999). *Trends Glycosci. Glycotechnol.*, **11**, 23-31.
12) Teeri, T. T. *et al.* (1998). *Biochem. Soc. Transact.*, **26**, 173-178.
13) 渡辺裕文・徳田 岳 (2001). 化学と生物, **39**(9), 618-623.

7. セルロースの反応と性質の変化

　セルロースは，植物体から繊維を取り出す過程（パルプ化），精製する過程（漂白）で化学的，熱的，力学的な刺激を受けてその構造が変化し，結果的にセルロース原料としての品質を左右する．また，そのセルロース原料から使用目的に対応した製品製造の過程，さらにセルロースを含む製品の使用条件，保存条件下でも何らかの外的刺激の程度により性質が変化する．一般的にこれらの刺激によるセルロースの構造変化は，分子量低下，分子間架橋，着色構造の生成などにつながり，結果的に強度低下，光学的品質の低下，角質化—脆化性の発現など劣化現象につながる．一方，このようなセルロースの外部刺激に対する構造変化を積極的に利用することにより，セルロースの分析，改質あるいは分解物を得るための手段とすることができる．セルロースの酸加水分解関連処理あるいは熱処理によって生成する低分子物質を図 7.1 にまとめて示す．

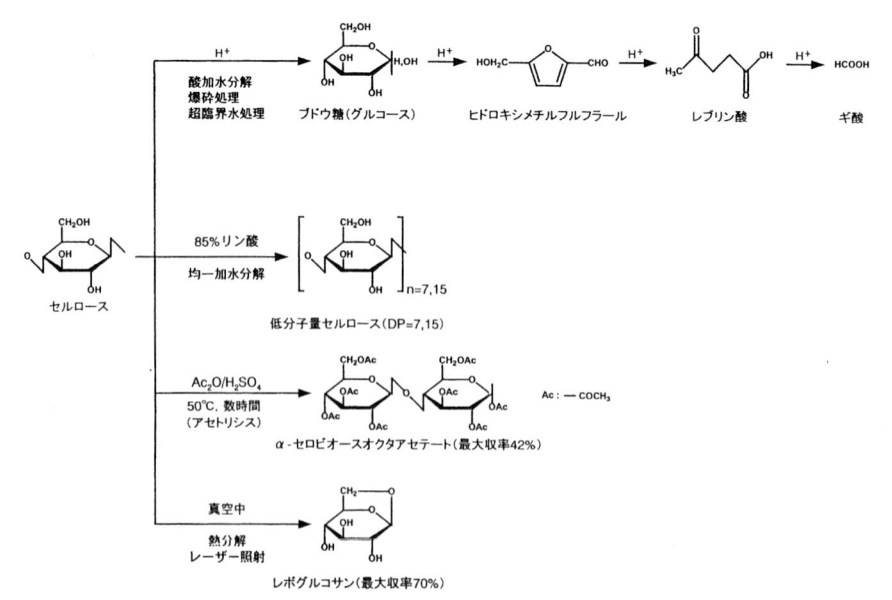

図 7.1　セルロースの酸加水分解関連処理あるいは熱処理によって得られる低分子物質

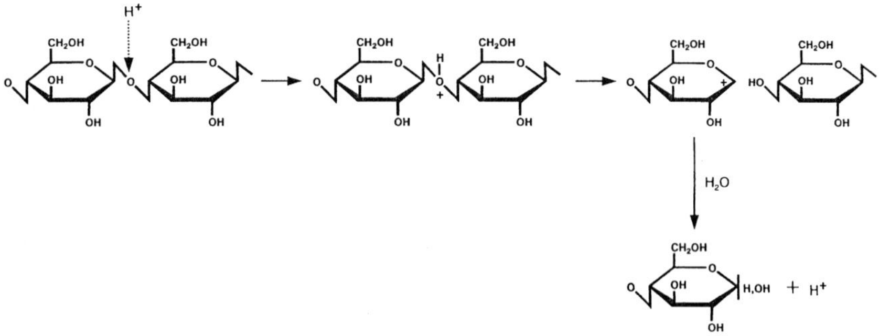

図 7.2 セルロースの酸加水分解機構

7.1 酸加水分解

　セルロース中のグリコシド結合は酸加水分解により開裂し，セルロースの分子量が低下する（図 7.2）．製紙用あるいは繊維用などのセルロース原料は，粘度測定によって分子量を常にモニターし，一定レベルを下回らないようにセルロース原料の製造条件を制御している．一方，セルロース系バイオマスの酸加水分解によってグルコースを高収率で得ることができれば，発酵によりエタノールに変換してバイオマス燃料として利用できる．さらにエタノールをエチレン，アセチレンに変換してケミカルスとすることも可能である．セルロースの酸加水分解挙動に影響する因子としては，用いる酸の種類と濃度，処理温度と時間，セルロースの結晶化度などの固体構造，セルロース試料の形状などがある．他の条件が等しい場合には，セルロース系バイオマス中のヘミセルロースやリグニンなどの非セルロース成分の存在は糖化挙動に大きな影響を与えない．しかし，セルロース成分中の結晶領域は酸加水分解速度を低下させる．また，酸加水分解によって生成したグルコースは，処理過程でさらにヒドロキシメチルフルフラール，レブリン酸，ギ酸などへと変化する（図 7.1）．

1）希酸加水分解

　通常のセルロースは希酸には溶解しない．結晶性の天然あるいは再生セルロースを，たとえば 3% 硫酸水溶液中に分散させて 100℃ 付近で還流によって酸加水分解すると，固体セルロース中の非晶領域が結晶領域に先行して加水分解され，一部がグルコースになって酸溶液中に溶解する．したがって，希酸加水分解によるセルロースの重量低下は変曲点を与える（図 7.3）．一方，重合度（DP）は初

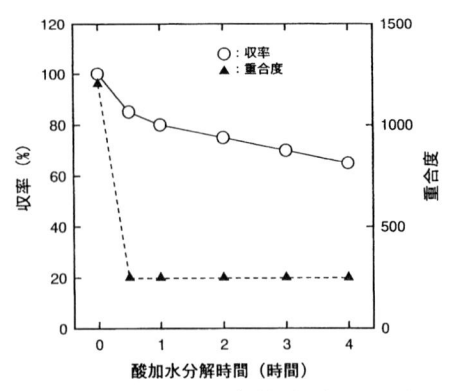

図 7.3 天然セルロースの希酸加水分解による重量変化と残渣部分の重合度変化

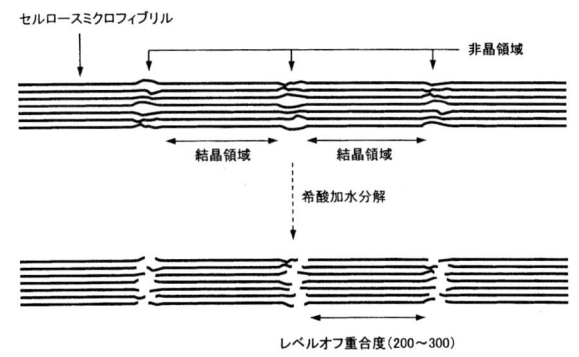

図 7.4 レベルオフ重合度を与えることから考えられる天然セルロースの結晶領域と非晶領域の分布状態

期に急激に低下し，その後酸加水分解を続けて残渣収率が徐々に低下する過程でも重合度は一定の値となる．この値をレベルオフ重合度といい，セルロース I の結晶構造を有する高等植物由来の天然セルロースで 200～300，天然セルロースをたとえば 18% NaOH 水溶液で膨潤処理してセルロース II 型の結晶構造に変換したマーセル化セルロースで約 80，セルロース溶剤にセルロースを溶解させ，続いて貧溶剤中で再生させたレーヨンなどの再生セルロースでは約 40 となる．これらのレベルオフ重合度の存在とセルロース試料による差異は，それぞれの固体セルロース中の結晶─非晶分布に関与しており，たとえば，図 7.4 のようなモデルが提案されている（磯貝，2001）．

　天然セルロースを希酸加水分解してすべてを溶解させようとすると，結晶領域

の酸加水分解抵抗性のために130℃付近の処理でも10時間以上を有する．一方，短時間の希酸処理で止めた場合には，セルロース純度が高く，レベルオフ重合度を有し，粉体へと加工が容易で，水中で分散性が優れた微結晶セルロースが残渣として得られる．木材漂白化学パルプから得られるアビセル，綿リンターパルプから得られる濾紙粉末，CF1などとして市販されており，医薬錠剤，食品用分散安定剤，乳化安定剤，保水剤，食物繊維などの機能性材料として利用されている．一方，セルロースを溶解するには至らないが高い酸濃度，たとえば50%硫酸水溶液中，60℃で天然セルロースを数時間処理すると，セルロース表面に硫酸エステル基が導入されて水溶液中での分散安定性がいちじるしく高いセルロース微結晶懸濁液が得られる．酸濃度が高いために収率は50%以下に低下する．塩酸を用いれば，酸性基が導入されないで同様のセルロース微結晶懸濁液が得られる．

2) 濃酸加水分解

希酸加水分解によって糖化する際の最大の課題はセルロースの結晶領域の高い酸加水分解抵抗性である．そこで，濃酸を用いることによってセルロースの結晶領域を膨潤，一部溶解させることにより破壊し，続いて希酸加水分解処理することによって糖化効率を上げることができる．植物成分の構成糖分析に用いられる標準方法は，72%硫酸を加えて室温で数時間放置することによりセルロース成分を溶解させ，続いて水を加えて3%硫酸に希釈し（セルロース成分は72%硫酸溶解過程である程度低分子化しているために，3%硫酸に希釈しても溶解状態を維持している），均一状態で1時間程度加熱還流し，単糖に変換してから分析する．この構成糖分析用の一連の処理とセルロースの変化を図7.5に示す．なお，この標準法でも，酸加水分解の過程で生成したグルコースの一部は図7.1のようにフルフラールなどに変質するため，実際に検出されたグルコースの量から変質した分を補正して真のグルコース量とみなす．

3) 各種の酸加水分解関連処理

セルロース系バイオマスを原料とする効率的なグルコース生産（糖化）を目指して，さまざまな検討が行われている．前述の濃硫酸処理以外にも，濃リン酸，濃硝酸，濃塩酸，濃フッ化水素前処理，磨砕などの機械的処理による非晶化，爆砕，超音波処理，電子線照射，ガンマ線照射処理，レーザー光照射，マイクロ波加熱，濃塩化亜鉛水溶液による膨潤処理，エチレンジアミンによる膨潤前処理な

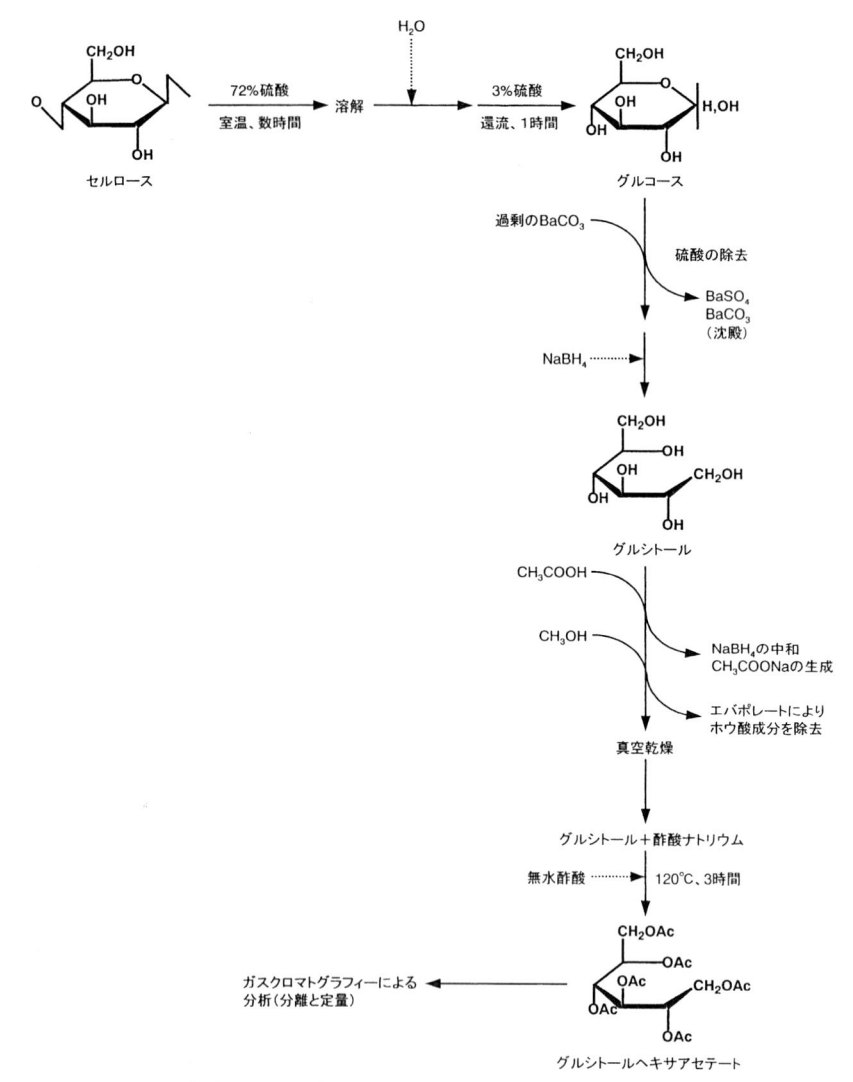

図 7.5 植物の構成糖分析のスキームとその過程でのセルロースの構造変化

どが挙げられ，その後希酸加水分解あるいは酵素分解によって糖化を行う．これまで，セルロース系バイオマスの濃酸法あるいは希酸法酸糖化プロセスとして各国からさまざまな提案が行われてきた（飯塚，2000）．しかし，コスト的な課題，酸を用いるために装置の耐腐食性の克服などの問題があり，試験プラントレベルを脱していない．しかし，農産廃棄物，紙系都市ゴミ，古紙，製紙スラッジなど

のバイオマスの有効利用が求められており，環境・資源の観点からもさらなる検討が必要である．

酸を用いない加水分解処理として，超臨界水による糖化が検討されている．水の臨界温度374℃，臨界圧力22.1 Mpaを超えた条件でセルロースを処理することにより，水そのものがセルロースの加水分解薬品となる．酸を用いない利点以外にも，温度が高ければ処理時間が1秒以下の短時間で糖化可能という点もある．天然セルロースからのグルコースの収率としては，35%程度という報告がある（東，2000）．

4) アセトリシス

セルロースに無水酢酸と濃硫酸の混合液を加え，14日程度50℃で処理することにより，繊維状セルロースはペースト状に変化する．このペースト状物質を精製することにより，グルコースの二量体で，8つの水酸基がすべて酢酸エステル化されているα-セロビオースオクタアセテートが得られる（図7.1）．この無水酢酸を用いる有機溶剤系での酸加水分解（加溶媒分解）をアセトリシスという．セルロースのグリコシド結合がランダムに酸加水分解されると仮定して確率計算すると，セロビオースオクタアセテートの理論最大収率は30%となる．しかし，実際にはα-セロビオースオクタアセテートがペースト状として沈殿し，さらなる酸加水分解を受けにくくなるため，最大収率は42%に達する．α-セロビオースオクタアセテートを$NaOCH_2CH_3$（ナトリウムエトキシド：エタノールに金属ナトリウムを加えて調製）によってケン化し，酢酸エステル基をはずすことによってセロビオースが得られる（Green, 1963）．

5) 85%リン酸による均一加水分解

セルロースを85%リン酸に分散させると常温で2日ほどで溶解して均一溶液になる．この溶液を1.5ヵ月ほど放置して均一酸加水分解を進め，その後水を加えて沈殿物を得て，洗浄—精製することにより，重合度15の低分子量セルロースを高収率で得ることができる．また，第1洗浄の上澄み液にメタノールに加えると，重合度7のセルロースオリゴマーが最大収率約15%で沈殿として得られる（Isogai and Usuda, 1991）．どちらの低分子量セルロースも高結晶化度のセルロースⅡ型を有し，重合度7のセルロースオリゴマーは，ジメチルスルホキシド（DMSO）に可溶である．また，このセルロースオリゴマーは分子のどこか1個所でも加水分解されれば水溶性になるため，酵素分解のモデル物質として利用さ

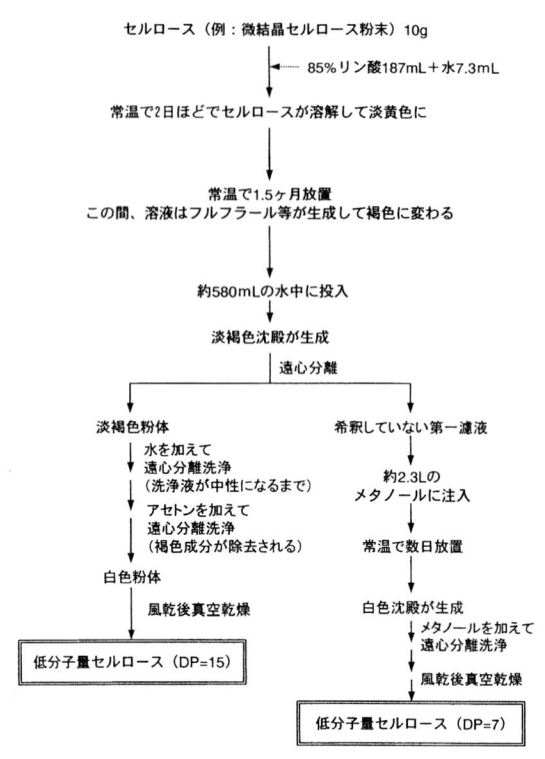

```
                    セルロース（例：微結晶セルロース粉末）10g
                                    │
                                    │←‥‥ 85%リン酸187mL＋水7.3mL
                                    ▼
                    常温で2日ほどでセルロースが溶解して淡黄色に
                                    │
                                    ▼
                             常温で1.5ヶ月放置
                    この間、溶液はフルフラール等が生成して褐色に変わる
                                    │
                                    ▼
                             約580mLの水中に投入
                                    │
                                    ▼
                             淡褐色沈殿が生成
                                    │
                                    ▼
                                 遠心分離
                    ┌───────────────┴───────────────┐
                    ▼                               ▼
                淡褐色粉体                    希釈していない第一濾液
                    │                               │
                水を加えて                        約2.3Lの
                遠心分離洗浄                     メタノールに注入
                (洗浄液が中性になるまで)              │
                アセトンを加えて                  常温で数日放置
                遠心分離洗浄                        │
                (褐色成分が除去される)             白色沈殿が生成
                    │                          メタノールを加えて
                 白色粉体                       遠心分離洗浄
                    │                               │
                風乾後真空乾燥                   風乾後真空乾燥
                    ▼                               ▼
            ┌─────────────────┐         ┌─────────────────┐
            │低分子量セルロース(DP=15)│         │低分子量セルロース(DP=7) │
            └─────────────────┘         └─────────────────┘
```

図 7.6 リン酸による均一加水分解で低分子量セルロースを調製する方法

れている．本法による一連の低分子量セルロース調製操作を図7.6に示す．

7.2 アルカリ分解

　グリコシド結合のようなアセタール結合は，アルカリ性下では基本的には安定なはずである．しかし，糖であるがゆえに，アルカリ性下でも分解する（石津，2000）．主に，木材からアルカリ性条件の蒸解処理で化学パルプを製造する際に望まれない反応として起こる．1つは低温でも起こり得るピーリング反応であり，図7.7aに示すように，セルロース分子にアルデヒド基を有する還元性末端基があるために起こる反応で，アルカリ性下で還元性末端からグルコースユニットが1つずつはずれてしまう．重合度1,000以上のパルプ中のセルロース分子量からみれば，ピーリング反応によって失われるグルコースユニットの数はわずかであり，強度低下に至る程度ではない．しかし，失われた分は重量低下となり，

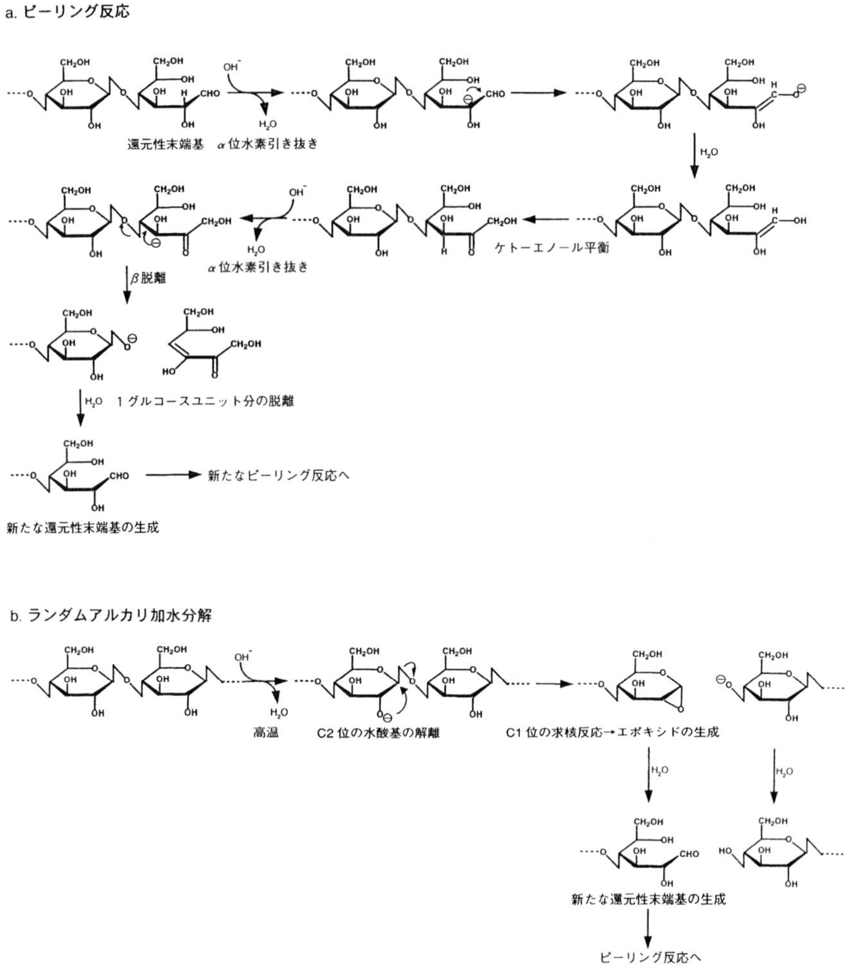

7.2 アルカリ分解

a. ピーリング反応

b. ランダムアルカリ加水分解

図 7.7 アルカリ性条件下で起こるピーリング反応 (a) とランダム加水分解 (b)

結果的にパルプの収率低下につながる．セルロースの還元性末端のアルデヒド基を還元してアルコール性水酸基に変換するか，酸化してカルボキシル基に変換すればこのピーリング反応を抑えることができる．

一方，アルカリ性条件下で100℃を超える高温になると，C2位の水酸基の解離が起こり，解離した水酸基がC1位の炭素と結合する分子内 S_N2 反応によりグリコシド結合が開裂し，結果的に加水分解される（図7.7b）．このアルカリ加水分解反応の起こる頻度はきわめてわずかであるが，セルロース分子のどこからで

もランダムに起こるために，分子量の低下につながり，紙，繊維として利用する際には強度低下をもたらす．蒸解温度を下げることにより，このアルカリ加水分解の起こる頻度を下げることができる．

7.3 酸　　化

セルロースを過ヨウ素酸で酸化すると，グルコースユニットの C2－C3 結合が開裂し，ジアルデヒドセルロースが得られる．C2－C3 位の 90% 以上を酸化するには，通常，光を遮断して室温で数日間の処理が必要となるため，低分子化などの副反応が起こる．得られたジアルデヒドセルロースは分子内，分子間でヘミアセタールを形成するため，たとえ完全に酸化された場合でも化学構造は不均一となり，酸化処理過程でも，酸化終了後でも，乾燥後でも水には不溶である．この

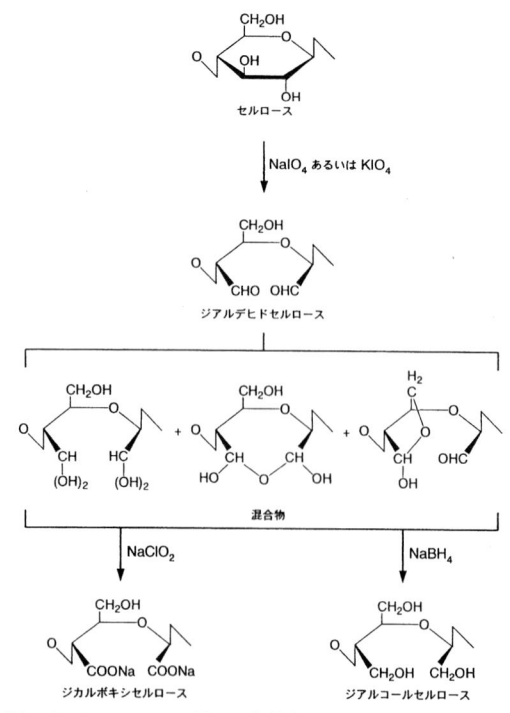

図 7.8　セルロースの過ヨウ素酸酸化により生成するジアルデヒドセルロース，およびその亜塩素酸酸化，水素化ホウ素ナトリウム還元によって得られる高分子の化学構造

ジアルデヒドセルロースを亜塩素酸で酸化すれば，水可溶性で均一な化学構造を有するジカルボキシセルロースナトリウム塩が得られ，$NaBH_4$ で還元すればジアルコールセルロースとなる（図 7.8）．

新しい酸化反応として，水溶性の安定ラジカル試薬である 2, 2, 6, 6-テトラメチルピペリジン-1-オキシラジカル（TEMPO）を触媒量用いる水系媒体の反応が挙げられ，条件によってはセルロースの C6 位が選択的に酸化されることが明らかになってきた（図 7.9）．この TEMPO 触媒酸化を天然セルロースに適用した場合には，セルロースの繊維構造，結晶構造をある程度維持しながら，カルボキシル基がセルロース表面に導入され，セルロース系繊維の表面化学改質に応用できる．一方，再生セルロースあるいはマーセル化セルロースに適用した場合には室温，1 時間以内の反応で，C6 位の水酸基のほぼすべてが選択的に酸化されてカルボキシル基に変換した水溶性の β-1, 4-ポリグルクロン酸ナトリウム（セロウロン酸）が得られる．このセロウロン酸の重合度は酸化条件に依存し，処理時間が長くなるとラジカルが関与する副反応により，低分子化が起こる．従来の

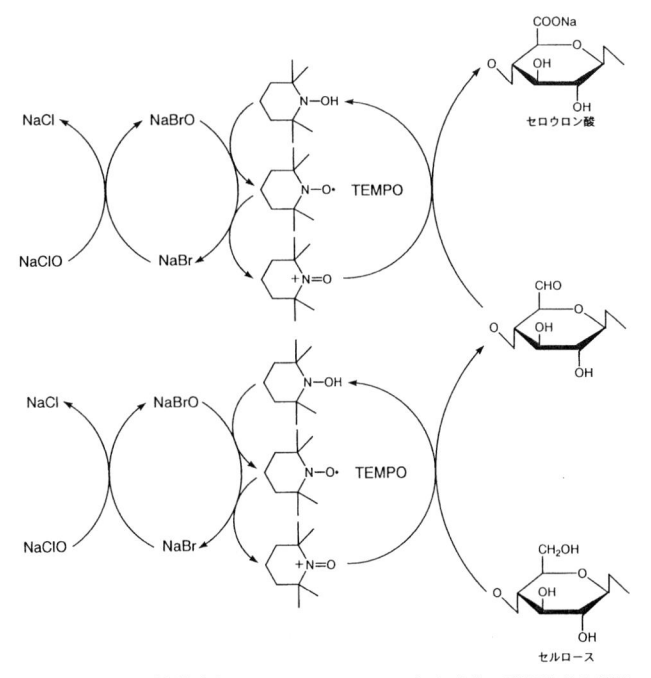

図 7.9 TEMPO 触媒酸化によるセルロースの一級水酸基の選択的酸化機構

代表的な水溶性セルロース誘導体であるカルボキシメチルセルロースなどと比較すると, セロウロン酸の化学構造は均一であり, 生物分解性, 生物代謝性を有している. したがって, これらの特性を利用して新たな機能材料としての利用が期待される (磯貝, 2000).

7.4 熱 分 解

セルロースをヘリウム, 窒素のような不活性ガス中で熱処理すると, 200℃ を超えるあたりから熱分解による重量低下が始まり, 300℃ を超えてから急激な重量低下を示し, 10〜20% の残存率でレベルオフする. 重量低下の過程ではセルロースが熱分解して揮発性の二酸化炭素, 水素, 一酸化炭素, 水, レボグルコサン (図7.1) などとなって系外に排出され, その間にセルロースの結晶構造転移, 水素結合の分解に伴う非晶化, 脱水, 分子内および分子間架橋形成, 更なる縮合が進んで炭化していく. 条件を最適にすることにより, レボグルコサンの収率は70% に達する. 1,000℃ 以下では非晶性の炭となるが, 熱処理温度をさらに上げると 1,500℃ 以上でグラファイト構造が形成されはじめ, 2,500℃ 程度で最大量のグラファイト化が達成される (平田, 2000).

〔磯貝 明〕

文 献

1) 東 順一 (2000). セルロースの事典 (セルロース学会編), p.193, 朝倉書店.
2) Green, J. W. (1963). *Methods in Carbohydrate Chemistry*, Ⅲ : 70.
3) 平田利美 (2000). セルロースの事典 (セルロース学会編), p.188, 朝倉書店.
4) 飯塚堯介 (2000). ウッドケミカルスの最新技術 (飯塚堯介編), p.35, シーエムシー.
5) 石津 敦 (2000). セルロースの事典 (セルロース学会編), p.165, 朝倉書店.
6) Isogai, A. and Usuda, M. (1991). *Mokuzai Gakkaishi*, 37(4) : 339.
7) 磯貝 明 (2000). ウッドケミカルスの最新技術 (飯塚堯介編), p.97, シーエムシー.
8) 磯貝 明 (2001). セルロースの材料科学, 東京大学出版会.

8. 溶解と成型

　セルロースは250℃近傍で分解し始めるが，分解までに，結晶融点をもたないため，成型するには必然的にセルロースを溶媒に溶解しなければならない．セルロースはいったん溶解された後，繊維状，フィルム状，中空糸状，球状など所定の形状に非溶媒中で沈殿成型される．セルロースの溶解および成型にいずれも液体を使用するため，湿式成型と呼ばれている．溶解の研究はまず，溶媒の探索から始まり，1857年にシュバイツァーによって銅アンモニア溶液が見出されて以来，現在までに100種以上の多様な溶媒が見出されている．とくに環境保全が問題視されるようになって，セルロースの新規な紡糸，成型用溶媒（主に有機溶媒），およびその溶剤に適した製造プロセスの開発が欧米を中心に盛んに行われた時期があった．表8.1に代表的な溶媒系の例を示す．これら溶媒のほとんどが特定の組成をもつ多成分系溶媒であり，溶剤回収の困難さや安全性などの問題を含み，旧アメリカンエンカ社による，N-メチルモルホリン/水系や旭化成社によるカセイソーダ/水系など一部を除いて工業化には至らなかった．これら溶媒以外にも，銅アンモニア溶液系に代表される無機錯体系溶媒や，濃厚な硫酸，塩酸，燐酸，塩化亜鉛水溶液なども，セルロースの溶媒として再検討されるべきものである．現在，最も広く工業的に利用されている溶解系が，高分子の概念もまだない最も初期に見出された，銅アンモニア溶解系とビスコース溶解系の2つであることは，セルロースの溶解と構造形成（成型）について抜本的に見直す必要のあることを暗示している．本章ではこうした観点から，定説には至らない未解決の課題や仮説などを積極的に掲載することを心がけた．

8.1　固体構造と溶解

　セルロースはグルコースユニットあたり3つの水酸基を有し，一次構造的には水に溶けてもおかしくないが，多様で強固な分子内・分子間水素結合を形成しているため，セルロースは，水はもちろん一般的な有機溶媒へも溶解しない．したがってセルロースを溶解させるポイントは，何らかの方法で水素結合を開裂させ

表 8.1　セルロー

溶媒系	文献
DMSO/CS₂/アミン	木村：特公昭 44-2592
SO₂-アミン/溶媒 DMSO/アミン	秦・横田：繊学誌，**22**，96（1966） Schleicher, et al.：*Faserforsh Textiltech*, **26**（7），313（1975）
DMF/N₂O₄	W. F. Folwer：*J. Am. Chem. Soc.*, **69**, 1639（1947） 中尾・山崎：19 回高分子討論会予稿集 1143（1970）など
DMF/NOCl	Mahomed：*Brit. Pat.*, 1309234（1969出願）
DMSO/パラホルムアルデヒド（PFA）	D. C. Johnson, et al.：*App. Polym. Symp. Proc. Cellu. Conference.*, 8th 1975, vol. 3
DMF/クロラール/ピリジン	K. H. Meyer：*Monatsch.*, **81**, 151（1950） K. Okajima：*KemicaSkripta*（1979）
N-メチルモルホリン N-オキシド （NMMO）	D. L. Johnson：*BP1*, **144**, 048（1969） 特公昭 46-1854，47-13529
N-エチルピリジウムクロリド	E. Hesemann：*Macromol. Chem.*, **128**, 288（1969）
DMAc/LiCl	A. F. Trubak：*et al.*, *USP4*, 302, 225（1981） Kafrawy：*J. Appl. Ploy. Sci.*, 2435（1982）
ヒドラジン	M. Litt：Cellu. Div. Preprints. ACS. Mtg. NY（1976）
三フッ化酢酸（TFA）/ジクロロメタン	H. Valdsaar：*Am. Chem. Soc. Mtg.*（1952） R. D. Gilbert：*Prog. Polym. Sci.*, **9**, 115（1983）
95% ギ酸水溶液 ギ酸/LiCl	Turbak S. Hirose, H. Hatakeyama：Proc. 1st International Cellulose Conference, ICC2002, Kyoto, Japan, 123（2002）
尿素/NaOH/水	Fink ら
液安/チオシアン酸アンモン	P. C. Scherer：*J. Am. Chem. Soc.*, **53**, 4009（1931） S. M. Hudson：*J. A. Cuculo. J. Polym. Sci., Polym. Chem. ed.*, **18**, 3469（1980）
水濃厚チオシアン酸カルシウム水溶液 （48.5% 以上）	20 世紀初頭 Hattori et al.：*Polym. J.*, **39**, 43（1998） 服部ら：繊維学会誌，**55**（3），150（1999）
濃厚塩化亜鉛水溶液	梶田・岡島：特開昭 58-151217
DMF-SO₃/DMF	R. Schweiger：*Carbohydr. Res.*, **21**, 219（1972）
特定濃度硫酸水溶液	西山ら：特開平 06-192475（1994）
硫酸/ポリリン酸/水（−1/8/1, w/w/w）	Miyamoto et al.：*Polym. J.*, **25**, 453（1993）
特定濃度カセイソーダ水溶液	Kamide, Okajima et al.：*Polym. J.*, **16**, 857（1984）；**17**, 701（1985） 岡島ら：特公平 6-74281，6-21183

8.1 固体構造と溶解

スの溶媒と特徴

研究した機関	特徴
三菱レーヨン	ザンテート法の変法，廃水問題少，有害ガス発生
秋田十条製紙，東独	SO_2-アミン錯体（3モル/グルコース残基必要），溶媒回収困難
巴川製紙，ITT レオニア	深青色溶媒形成，セルロースナイトライトとして溶解，セルロース分解大溶媒回収困難，回収成分爆発性
東独	毒性大
スニアビスコーザ，ローヌブーラン，東レ，ITT レオニア	高温溶解（メチルール化セルロースとして溶解），DMSO，パラホルム回収再使用不能
旭化成，カナダ環境庁	誘導体化し溶解，クロラール回収困難
イーストマンコダック，アメリカンエンカ（コートールズ，AKZO，レンチング，他）	水が必要，溶媒爆発性．高温溶解型（セルロース分解性大）．錯体的溶媒和で溶解，流動副屈折ドープ
ITT レオニア，ヘルシンキ大	溶媒分解性，第2成分として DMF 等必要，高温溶解型
ITT レオニア	セルロース前処理必要，溶媒/Li/セルロースが錯体形成
インターナショナルブライテックス	高毒，高爆発性
旧ソ連，ノースカロライナ大	誘導体として溶解（液晶形成），再生物はセルロースIV？
ITT レオニア，産総研（筑波）	毒性，爆発性問題？ ギ酸セルロースで溶解
NesteOy（フィンランド）	カーバメート化し溶解
ノースカロライナ大	基本的には錯体的溶媒和で溶解，ドープ安定性高い．グルコースは C1 位でアミン化
インターナショナルペーパー，旭化成	100℃以上．O5 と C60H と錯体形成．高温溶解/ゲル紡糸で，湿乾強度比=1
インターナショナルペーパー，旭化成	高温で 80 wt% の $ZnCl_2$ とセルロースを混合後，水を加えると瞬時に溶解．光学異方性ドープ
	硫酸セルロースの合成法．水凝固不可
旭化成	57.5% 硫酸（4水和）で溶解
旭化成	液晶形成
旭化成	カセイソーダ濃度（8〜10%），低温特定溶解型

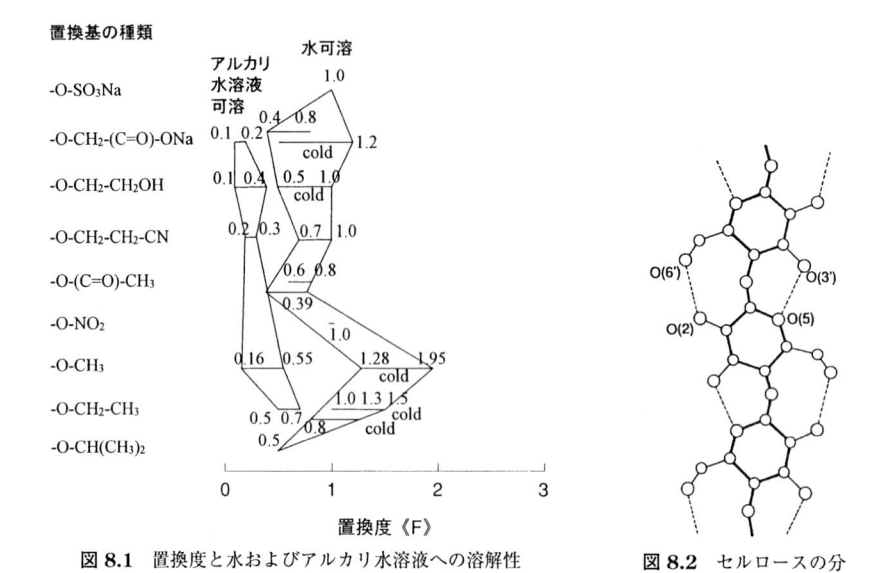

図 8.1 置換度と水およびアルカリ水溶液への溶解性
(Fuches, 1989 ; Ishii, 1983 ; Kamide, 1981)

図 8.2 セルロースの分子内水素結合

ることにある．図 8.1 に各種誘導体の置換度とアルカリ水溶液および水への溶解挙動を示したが，溶解挙動は，誘導体の種類によらず置換度に大きく依存する．たとえば置換度 0.1〜0.5 程度でアルカリ可溶，置換度 1 前後で水可溶となり，置換基の種類にほとんど依存しない．これは誘導体化によって水素結合が一部開裂した結果，アルカリ水溶液や水への溶解性が付与されたと解釈でき，水素結合の開裂がセルロースの溶解に重要なことを示唆している．水素結合の開裂は誘導体化の他，錯体化や溶媒の溶媒和，あるいは単純な物理的前処理（たとえば水蒸気による爆砕処理など）によってなされる．11.3 節で詳しく述べるが，物理的処理で分子内水素結合が部分的に開裂されたセルロースは置換度ゼロでも低温のカセイソーダ水溶液に溶解する．したがって図の示す真意は，水素結合の開裂度合いが溶解挙動を決定するということであろう．

先にセルロースの固体には非常に多様な水素結合群が存在すると述べたが，いったいどの水素結合が重要なのであろうか．この問題は未解決であるが，分子間水素結合より分子内水素結合の形成度合いが重要であると考えられる．たとえばセルロースの分子鎖軸方向の弾性率を計算すると，弾性率は分子内水素結合を考慮に入れた場合のほうが，入れない場合に比べいちじるしく大きな値になる．図 8.2 に分子内水素の形成したセルロースの骨格構造を示すが，分子内水素結合は，

セルロースをいわゆるラダーポリマー状に剛直にし，溶媒への溶解性をいちじるしく悪化させていることを示唆している．田代らによる計算によれば，あらゆる分子間水素結合や$O(6')-O(2)$の分子内水素結合は弾性率にほとんど影響せず，$O(3')-O(5)$の分子内水素結合を切断したとき，はじめて弾性率は6割も低減する（Tashiro and Kobayashi, 1991）．これはセルロース分子主鎖の内部回転が，$O(3')-O(5)$の分子内水素結合の開裂により容易に起こることを示唆しており，セルロースの溶解性が著しく向上することが期待できる．この考え方は，セルロースの特定濃度カセイソーダ溶液への溶解（Okajima et al., 1988, 1992a）や低置換度セルロース誘導体の水への溶解性でも確認されている（Okajima et al., 1992b）．一方Northoltらは$O(6')-O(2)$の分子内水素結合が重要であると指摘し（Northolt et al., 1986），2種類存在する$O(6')-O(2)$と$O(3')-O(5)$のどちらの寄与が大きいかの結論はついていないが，いずれにせよセルロースを溶解させるには分子内水素結合を切断し屈曲性（配置のエントロピー増加）を増加させることが重要である．

セルロースの溶解は水素結合の他，疎水性の相互作用も考慮する必要があろう．なぜならセルロースは親水性であるが同時に親油的側面も有しているからである．セルロースIβ結晶では（200）面，セルロースII結晶では（110）面が疎水面となり，疎水性の相互作用により積層している．これら疎水面の表面エネルギーは親水面の半分以下にしかならない．このようにセルロースの構造を考える場合，疎水性の相互作用も十分に考慮する必要があり，この疎水性の相互作用がセルロースの溶解にも大きな影響を及ぼしていると考えられる．しかしながらセルロースの溶解はセルロース水酸基と溶媒との相互作用としてとらえられているだけで，疎水性相互作用を考慮した溶解理論は現在のところない．

8.2　溶媒と溶解機構

Turbakらは水酸基との相互作用の違いにより，溶媒を次の4つに分類した（Turbak, 1977）．酸として作用する溶媒（たとえば硫酸水溶液），塩基として作用する溶媒（たとえば無機塩水溶液），錯体を形成する溶媒（たとえば金属錯体化合物，$DMSO/SO_2$・アミン系など），誘導体を形成する溶媒（たとえばDMSO/パラホルムアルデヒドなど）の4つである．溶媒によるセルロースの溶解は，セルロースの水酸基の性質から，おおむね説明できるが，Turbakらの単

純な分類は，複雑な水素結合とピラノース環相互の疎水性相互作用をも有する多様な結合形式をあわせもつセルロースの溶解をすべて説明できるものではない．水酸化ナトリウムの場合，セルロースを溶解するのは 7～9 wt% の低温の水溶液であり，それもセルロースの分子内水素結合を十分破壊したセルロースに限られる (Okajima et al., 1992a)．10 wt% 以上の水酸化ナトリウム水溶液はアルコラートを形成しアルカリセルロースを生成するが，セルロースは溶解しない．7～9 wt% の水酸化ナトリウム水溶液は，低温で Na イオンを中心とする特殊な水和構造を形成し，それが，アルコラートを形成することなくセルロースに強く溶媒和してセルロースを溶解すると考えられている (Okajima et al., 1988)．65 wt% 以上の硫酸水溶液はセルロースを溶解することが知られているが，最近さらに低濃度の 57 wt% で低温の硫酸がセルロースを溶解することが見出された (鷹巣ら，1994)．硫酸水溶液はいくつかの濃度で融点の極大をもち，この組成の時，溶液の中に何らかの構造が形成していると考えられる．57 wt% は硫酸 1 mol に対し水 4 mol の組成であり，低温で特定の水和構造を形成している可能性がある．これが，7～9 wt% の水酸化ナトリウム水溶液と同様にセルロースに強く溶媒和してセルロースを溶解すると推測される．錯体形成や誘導体化など明らかにセルロースの水酸基と反応する溶解系はともかく，セルロースの溶解は，特定の溶媒和構造をもつ溶媒がセルロースに強く相互作用することにより引き起こされるものであり，単純に酸，アルカリとして溶解しているのではない．

　高分子が加熱，熱運動して溶媒中に溶解する高温溶解型の方が考えやすいが，このように溶媒和により溶解が進行する系では低温溶解型になることが多い．低温溶解は，熱力学的には溶解に際する自由体積の差異で説明され，高分子溶液の自由体積が，高分子と溶剤の間の値をとり，全体としての変化が負となった場合となる．この結果収縮がおこり，発熱を伴って，負の ΔS_M が生ずるのである．セルロースが一般的な溶媒に解けにくいこと，さらに熱軟化しないことは強固な水素結合のためといわれているが，この水素結合を開裂するためには強い溶媒和が必要であろうし，溶媒和は発熱反応なので，セルロースの場合低温溶解はリーズナブルである．以上のようにセルロースの溶解は，ポリマーが決まれば溶媒の種類が一義的に決まるというものではなく，溶媒の溶媒和構造，セルロースの固体構造（とくに分子内水素結合度合い）が深く関与している．

8.3 溶解状態

溶解状態はセルロースと溶媒との相互作用という観点では古くからよく研究されており，最近でもセルロース/銅アンモニア水溶液中で銅はセルロースのC2，C3位の水酸基にδ配位し，その銅/ピラノース環のモル比は0.6〜0.8であること（Miyamoto et al., 1995），チオシアン酸カルシウム水溶液では図8.3に示すようにカルシウム水和物がピラノース環の2つの酸素原子（O_5, O_6）と相互作用し，カルシウムイオンを中心とする5員環構造をとること（Hattori et al., 1998），その他数々の非水系有機溶媒とセルロースとの相互作用などが検討されている（磯貝，2001）．しかしこれらはあくまでセルロースと溶媒との相互作用という観点で調べられているだけで，後述する再生セルロース成型品の製造上重要な準濃厚溶液や濃厚溶液中でのセルロースの溶解状態を示しているわけではない．

セルロースは金属錯体化合物などの良溶媒でも分子分散しない場合がある．金属錯体化合物の水溶液はセルロースの溶媒として最も古くから研究されており，カドキセン，鉄酒石酸中における希薄溶液物性は，光散乱法で調べられ，粘度式も確立されている．しかし，成形体製造および均一系誘導体化といった実用上重要な，濃厚あるいは準濃厚溶液中での溶解挙動や溶解状態についてはあまり検討されていない．セルロース濃度が5 wt%の針葉樹パルプのカドキセン溶液を動的光散乱法（いったん希釈するが）および流動複屈折法で調べると，溶液中のセルロースの流体力学的半径 Rh が経時的に変化したり，流動複屈折法で求めた消光角χのシェアレート依存性がセルロースの分子量が高くなると逆転するなど（Yasuda et al., 1993），良溶媒といわれているカドキセン水溶液においてさえ元のセルロースの構造履歴を残しており，準濃厚溶液では分子分散していないことを示唆している．これらは前述した，セルロース構造が水素結合と疎水性の相互作用という異なった2つの相互作用によって形成されていること，低温溶解というセルロース特有の溶解機構に起因するものと筆者は考えている．

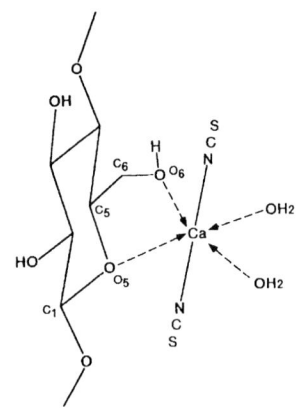

図8.3 セルロースとチオシアン酸カルシウムとの相互作用

準濃厚状態のセルロースそのものの溶解状態を議論したものは，カドキセン溶液中のC6位のスピン-格子緩和時間T1が著しく短いことから，カドキセン溶液中でもC6位で水素結合している可能性があること，誘導体ではあるが，選択置換したメチルセルロースの反応挙動より溶液中でも$O(6')-O(2)$の分子内水素結合を形成している可能性が高いこと（Kondo, 1994），流動場動的光散乱により酢酸セルロースは溶液中で巨大構造を形成している可能性があること（川西ら，1998）などがわずかに調べられているにすぎない．成型体製造用溶液として望ましい溶解状態とはどういうものなのか，得られる成型体の構造や物性などとの関係を考慮しながら，準濃厚溶液の溶解状態を検討してゆく必要があろう．

8.4　構造形成と成型

溶解したセルロース溶液を非溶媒中に注入すると，セルロースの水酸基に化学結合あるいは錯体形成，あるいは溶媒和していた成分がセルロースから脱離し，結果的に元の水酸基が出現するため，セルロース分子同士が凝集してセルロースが沈殿する．このようにして得られたセルロースは，いったん誘導体化されていたり，錯体化されていたセルロースが元のセルロースに再生されるので，再生セルロースと呼ばれることが多い．再生に用いる非溶媒は特別なものである必要はなく，溶媒組成以外の液体なら非溶媒となりうる．非溶媒は得られる再生セルロースの構造や物性に応じて適宜選択されるが，一般的には酸水溶液，アルカリ水溶液，アルコール，アセトンなどが用いられる．再生セルロースの大きな特徴は結晶型がセルロースⅡ型なことである．セルロースⅡ型は天然セルロースのセルロースⅠ型よりエネルギー的に安定であり，特別な場合を除いてセルロースⅡ型からⅠ型に転移することはない．また結晶性は，極低重合度のセルロースを特殊な条件で再生させた場合を除き，一般的に天然セルロースより低く，必然的に非晶領域が存在する．非晶領域構造は，セルロースⅡ型結晶の構造履歴を残したシート状物（岡島・山根，2001），グリコシド結合している$C(1)-O-C(4)$の酸素原子での分子間水素結合が形成されていないセルロースⅣ型の二次構造に近い構造（磯貝，1995），折れ曲がり分子鎖の一次粒子構造（Manabe and Fujioka, 1998）など，さまざまなモデルが提案されているが未解決である．再生セルロースの物性を考える上で，非晶構造はきわめて重要でありその構造解明が期待されている．

再生セルロースの構造でもう1つ特徴的なのは，($1\bar{1}0$）結晶面が再生セルロース成形体の外表面に平行に面配向することである．面配向のメカニズムは諸説あり，($1\bar{1}0$）結晶面に相当する分子シートが構造形成初期に形成され，脱溶媒が進み体積収縮する過程で当該分子シートが体積収縮方向に垂直に面配向するという仮説（岡島・山根，2001），極性の高い溶媒に分子シート表面の水酸基が脱溶媒方向に引っ張られたという仮説，脱溶媒に伴うシェアーストレスと水による可塑化のため（$1\bar{1}0$）面間がすべり，面配向するという仮説（高橋，1969）などがある．($1\bar{1}0$）面配向性は極性の高い溶媒，非溶媒系ほど，または脱溶媒力の強い非溶媒系ほど高くなる（Hongo et al., 1996）．たとえば，トルエンなどの極性が極端に低い非溶媒を使えば面配向性はほとんどなくなる．これらの実験事実は前記3つの面配向仮説にも当てはまる．セルロース結晶は本質的に親水性と疎水性の2つの側面をもち，セルロースⅡ系の場合（$1\bar{1}0$）結晶面が親水面，(110) 面が疎水面となる．計算機実験から求めた表面張力も，($1\bar{1}0$）結晶面は (110) 面の2倍程度もある．再生セルロース表面の濡れ性は（$1\bar{1}0$）結晶面の面配向度に依存し，面配向度が高いほど濡れ性は高くなり，面配向度が80％程度の再生セルロース膜の水滴接触角度は10°程度で高分子素材中最も親水的な表面が出現する．親水性がゆえに再生セルロースは衣料，メディカル素材など広範な領域に展開してきた．衣料品では水による物性の低下，メディカル素材では生体適合性の低さなど，高親水性がゆえの課題も同時に抱えている．逆の側面である疎水的性質もセルロースは有しているわけだが，これは11.11節で述べる．

8.5 代表的な溶解技術と成型技術

先に述べたように，現在工業的に用いられている溶解系はビスコース法溶解系，銅アンモニア法溶解系，N-メチルモルホリン/水系，カセイソーダ/水系の4種の溶解系である．カセイソーダ/水系は「11.3 アルカリだけで繊維をつくる」で別途詳しく述べるので，ここでは，ビスコース法溶解系，銅アンモニア法溶解系，N-メチルモルホリン/水系について，溶解技術，成形技術を概説する．

1) ビスコース法溶解系

ビスコース法溶解工程を図8.4に示す．まずセルロースをカセイソーダ水溶液に含浸させ圧搾しアルカリセルロースとする．アルカリセルロースを生成させる必要があるため，カセイソーダ濃度は17〜19 wt％である．圧搾倍率を高めると

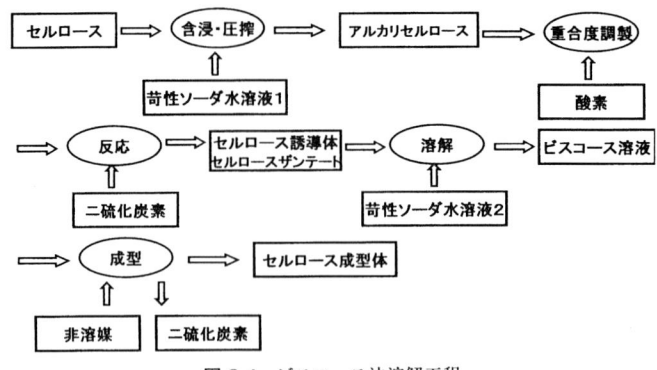

図 8.4 ビスコース法溶解工程

二硫化炭素との反応効率があがるので，圧搾倍率は高いほうがよい．酸素含量の高い空気で重合度を 300〜500 程度に低下させた後，二硫化炭素を吹き込み，置換度が 0.4〜0.5 になるようエステル化を行う．得られた誘導体をセルロースザンテートと呼ぶ．セルロースザンテートに濃度 3〜4 wt% のカセイソーダ水溶液を加え溶解する．図 8.1 で置換度 0.1〜0.5 程度の誘導体はアルカリ可溶と示したように，このセルロースザンテートはカセイソーダ水溶液に可溶である．溶解は高速攪拌型のミキサーを使い低温で行う．得られた溶液（ビスコース溶液）の組成はセルロース濃度 8〜9 wt%，カセイソーダ濃度 5 wt% 程度である．成型に用いられる非溶媒は主に酸性水溶液で，一般的には硫酸，硫酸ナトリウム，硫酸亜鉛の 3 成分系が用いられる．置換基は酸性の非溶媒でただちに脱離し，セルロース誘導体からセルロースに再生する．凝固速度は相対的に速いので，凝固過程での高倍率な延伸はかけられない．このため高速紡糸をする場合，高速でノズルからビスコース溶液を吐出させる必要がある．同時に凝固過程の糸と非溶媒の摩擦抵抗を減らすため，非溶媒も高速で糸と平行に流動させる必要があり，これを流動浴紡糸法と呼ぶ場合もある．

　得られた繊維の構造・物性については後述する，銅アンモニア法溶解系や N-メチルモルホリン/水系により得られた繊維と比較しながら 11.3 節で概説する．ビスコース溶液からは繊維以外にフィルム，チューブ，スポンジなどさまざまな成型体が得られるが，これらは 10.2 節で概説する．

2）銅アンモニア法溶解系

　水酸化銅とアンモニアが反応した錯化合物，水酸化銅テトラミン $Cu(NH_3)_4$

(OH)$_2$がセルロースと錯体を形成しセルロースを溶解させる．工業的には，水酸化銅は変質しやすいので，塩基性硫酸銅が使われる．塩基性硫酸銅は硫酸銅溶液とアンモニア水（あるいは硫酸銅テトラミン Cu(NH$_3$)$_4$SO$_4$ 溶液）を混合して作る（Kamide and Nishiyama, 2001）．

銅アンモニア法溶解工程を図8.5に示す．セルロースはまず塩基性硫酸銅水溶液に分散される．セルロースはいちじるしく膨潤し，部分的に溶解するが塩基性硫酸銅水溶液に含まれる硫酸銅テトラミンはセルロースを溶解しないのでセルロースの一部は未溶解状態にある．硫酸銅テトラミンはカセイソーダによって水酸化銅テトラミンに変えることができるので，カセイソーダ水溶液を徐々に加えて，セルロースを完全に溶解させる．急激に加えると架橋構造をもつノルマン化合物を生成し不溶性となるので注意を要する．

図8.6にセルロース/銅アンモニア錯体の結合様式を示すが，銅アンモニア溶液中のセルロースは，その C2，C3 位の OH 基が定量的に δ 型で銅アンモニア錯体を形成し（Miyamoto et al., 1995），O(6′)–O(2) と O(3′)–O(5) の2つの分子内水素結合が完全に破壊されて溶解しており，ほぼ完全に分子分散した系であることが推測される．

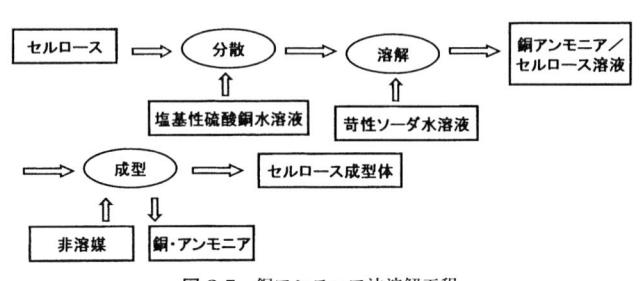

図 8.5 銅アンモニア法溶解工程

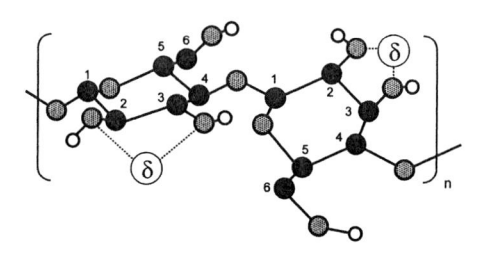

図 8.6 セルロース/銅アンモニア錯体の結合様式

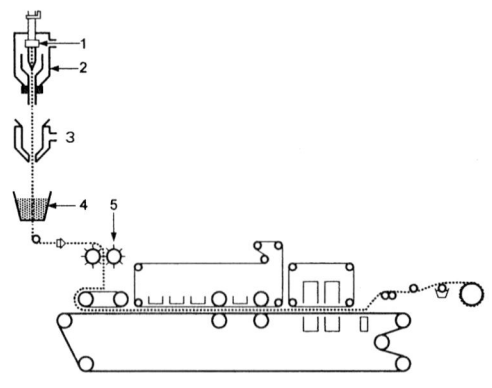

図 8.7 紡糸工程
1：紡糸ノズル，2：漏斗状凝固槽，3：凝固槽，
4：凝固槽，5：ロール

　成型に用いる非溶媒は目的により適宜選定される．成型体が衣料用繊維の場合，非溶媒は温水で，凝固速度は相対的に遅い．そのため凝固過程での高倍率延伸が可能で，流下する温水により数百倍延伸されるので流下緊張紡糸法と呼ばれることもある．図 8.7 に紡糸から巻き取りまで一連の操作が連続したタイプの紡糸装置を示す（Miyazaki et al., 1972）．1 の紡糸ノズルから吐出されたセルロース/銅アンモニア溶液が 2 の漏斗状の凝固槽で温水により延伸されながら凝固し，さらに凝固槽を出た後も自由落下により延伸される．その後，3 や 4 の凝固槽により凝固が促進され，5 のロールでネット上に振り落とされる．この段階では銅が糸中に残っており青色なので青糸と呼ばれることもある．ネット上では硫酸水溶液が降りかけられ完全に脱銅された後，水洗，乾燥し巻き取られる．紡糸速度は 500～1000 m/min であり生産性は従来の方法に比べいちじるしく高い．

　セルロース/銅アンモニア溶液からは，人工腎臓用中空糸やウィルス除去用中空糸が製造されるが，これらの非溶媒はそれぞれ水酸化ナトリウム水溶液，アセトン水溶液である．非溶媒の選択により構造制御が可能であり，たとえばアセトン水溶液で凝固する場合，非常に疎な微細構造をもち，$(1\bar{1}0)$ 面配向性は極端に低くなる（Hongo et al., 1996）．

3）N-メチルモルホリン（NMMO）/水系

　NMMO 法溶解工程を図 8.8 に示す．まずセルロースが溶解しない溶媒組成の，NMMO/水混合液（NMMO 濃度 76～78 wt%）をセルロースに含浸させ，高せ

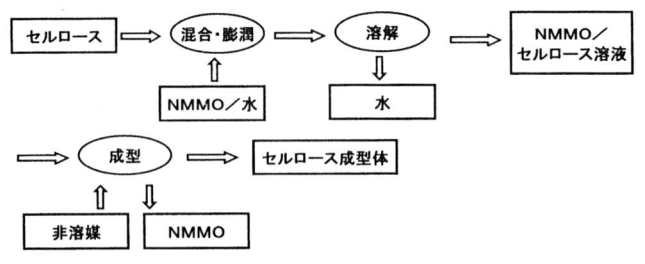

図 8.8 NMMO 法溶解工程

ん断ミキサーでセルロースを十分に混合・膨潤させる．このときの温度は 70～90℃である．図 8.9 に NMMO/水/セルロースの相図を示すが，溶解領域（影がかかった部分）から外れた水含量が若干多い組成（図中スラリープロット）で混合・膨潤される．溶解はスラリーの水分を蒸発させ，NMMO/水/セルロース組成を溶解領域内に移行することにより行われる．溶解は水

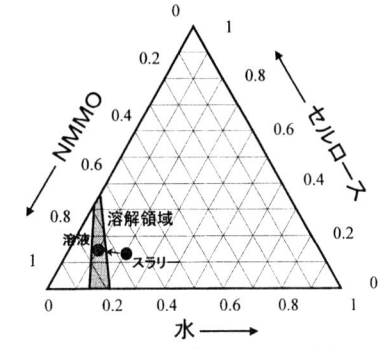

図 8.9 NMMO/水/セルロース系相図

分の蒸発が効率よく行われるように，工業的規模の生産では薄膜式蒸発管（thin-wall evaporator）が使われている．このときの温度は 90～120℃ でセルロース濃度は 10～18％ である．

得られた溶液は非溶媒中に投入され成型体となる．非溶媒は普通希薄な NMMO 水溶液である．繊維を成型する場合，溶液は下向きに開けられた細いノズルからまず空中に吐出され，次に非溶媒に投入されることから，エアーギャップ方式と呼ばれる．繊維はエアーギャップ間で延伸・配向される．延伸倍率は普通 4～20 である．繊維の配高度が高いため，強度・弾性率は高いがきわめてフィブリル化しやすい．フィルムを成型する場合も下向きに設置されたリング状ノズルからエアーギャップを介して，非溶媒に投入される．フィルムはエアーギャップ間で空気膨張（インフレーション）される．空気膨張によりマシン方向と垂直方向への延伸成分も加わるため，繊維軸方向が比較的等方的なフィルムを作りやすい．ただし（1$\bar{1}$0）結晶面はフィルム上表面に平行に面配向している（Fink *et al.*, 1997）．

セルロース成型体は衣料用繊維，ミートケーシング，スポンジ，人工腎臓，粒子などさまざまな分野で使用されているが，石油化学系ポリマーへの素材転換により，いずれの用途においても生産量は漸減傾向である．一方資源・環境の観点から，石油化学原料に依拠した産業構造の見直しが議論されつつある．このような状況の中，セルロース成型体の機能向上あるいは生産性向上のため，冒頭にも述べたが，セルロースの溶解と構造形成（成型）について抜本的に見直す必要がある．本章ではこのような観点から仮説，概念や未解決問題を積極的に記載することを心がけた．今後の溶解・成型に関する研究開発の1つの方向として，たとえばセルロース溶媒の可塑剤としての機能など，溶媒の新しい役割と利用法を再構築してゆくことも重要であろう．　　　　　　　　　　　〔山根千弘・岡島邦彦〕

文　献

1) Fink, H.-P. *et al.* (1997). *Lenzinger Berichte*, **76** : 119.
2) Fuches, O. (1989).Polymer Handbook, Third Ed. (Brandrup, J., ed.), p. 399, John Wiley and Sons.
3) Hattori, M. *et al.* (1998). *Polym. J.* **30** : 43.
4) Hongo, T. *et al.* (1996). *Polym. J.*, **28** : 769.
5) Ishii, K. (1983). *Japan TAPPI J.*, **37** : 785.
6) 磯貝　明 (1995). *Cellulose Communications*, **2** : 17.
7) 磯貝　明 (2001)．セルロースの材料科学，p. 24，東京大学出版会．
8) Kamide, K. *et al.* (1981). *Polym. J.*, **13** : 421.
9) Kamide, K. and Nishiyama, K., (2001). Regenerated Cellulose Fibers, Cuprammonium processes (Woodings, C.), p. 107, CRC Press.
10) 川西浩之，他 (1998)．セルロース学会第5回年次大会，'98 Cellulose R & D 要旨集，p. 12.
11) Kondo, T. (1994). *J. Polym. Sci.*, **32**, 1229.
12) Manabe, S. and Fujioka, R. (1998). *Polymer Journal*, **30**(12) : 939.
13) Miyamoto, I. *et al.* (1995). *Polym. J.*, **27** : 1113.
14) Miyazaki, T. *et al.* (1972). United States Patent 3689620.
15) Northolt, M. G. *et al.* (1986). *Polym. Comm.*, **27** : 290.
16) Okajima, K. *et al.* (1988). *Polym. J.*, **20** : 447.
17) Okajima, K. *et al.* (1992a). *Polym. J.*, **24** : 71.
18) Okajima, K. *et al.* (1992b). *Polymer International*, **29** : 47.
19) 岡島邦彦・山根千弘 (2001)．繊維と工業，**57** : 156.
20) 高橋利禎 (1969)．繊維学会誌，**25** : 128.
21) 鷹巣修二，他 (1994)．特開平06-192475
22) Tashiro, K. and Kobayashi, M. (1991). *Polymer*, **32** : 1516
23) Turbak, A. F. (1977). Solvent spun rayon, Modified Cellulose Fibers and Derivatives (ACS Symposium Series ; 58), p. 12, A. C. S..
24) Yasuda, K. *et al.* (1993). *Polymer International*, **30** : 393.

9. セルロースの高付加価値化

9.1 化学処理による改質

a. 化学改質の歴史

　セルロースは結晶性高分子であり，天然ではミクロフィブリルと呼ばれる微小結晶繊維を形成して存在することが知られている．この高分子を利用するとなると，このまま微小繊維形態を保持したまま構造用材料として利用するか，あるいは溶解させて再生繊維，フィルムにして用いることになる．すなわち，工業原料としてセルロースは，建材，木質材料，紙・パルプ，繊維などに代表される構造用材料として，あるいは一部化学処理が施されて天然由来の構造を変換され，あるいは誘導体化されたのち，再び繊維，フィルムの形態で高機能性材料として使われている．前者は，利用の歴史が古く，セルロースの使用量も多く全利用木材の 95% 以上をしめているが，社会環境に影響される．ちなみに，木材からのセルロースの価格は，約 50 円/kg である．これに対し後者は，一般的に市場規模は小さく，高価なものになる．最近では，光学的等方性を利用した液晶ディスプレイに用いられる偏光板用三酢酸セルロースやセルロース系生分解性プラスチック，血漿からウイルスを除去する中空糸膜などで，合成高分子にみられないセルロースの特性が使われている．

　セルロースの化学構造（一次構造）が明らかにされたのは，フランスの A. Payen が 1839 年に植物細胞壁の主要成分である化学物質を単離し，それをセルロースと名づけたことに端を発するが，木綿繊維を用いることはインドで 5,000 年前から行われたといわれており，セルロースの利用の歴史はきわめて古い．その後，1769 年にリチャード・アートライトが紡績機を発明し，格段に効率よく糸を紡ぐことができるようになり，ついで 1787 年にエドムンド・カートライトの蒸気動力織機で効率よく布を織ることができるようになるに至って，急速に綿工業が発達した．日本においては，幕末に島津藩主忠義公が，イギリスのブラッド会社の設計に基づき，鹿児島紡績所の操業を開始した（慶応 5 年〔3 年との説

もある〕）．人造繊維は，繊維として優れた性質を示す絹の細さ，輝き，しなやかさ，強度・弾力性の高さを模倣した繊維をつくり出そうという意図から生まれた．1884年フランスのシャルドンネが硝酸セルロースから人造絹糸の工業化に成功したのがその創始とされている．1892年には，イギリスのクロス，ベバン，ビードルの3人が，いわゆるビスコース溶液をつくり，それより人造絹糸を製造することを発明した．これが人造セルロース系繊維（レーヨン）の始まりである．

非常に燃えやすい硝酸セルロースの代わりに酢酸セルロースを繊維やフィルムにしようとすることはかなり前から考えられていたが，具現化したのは第一次大戦後のことである．1919年にはセラニーズ社から本格的な製品が発売された．これらいずれも繊維1本1本が途切れることなく非常に長い人造繊維の製造であるが，第一次大戦中，綿花の不足に悩んだドイツは，適当に短くこの人造繊維を切って綿の代用にした（ステープル・ファイバー）．その後も，繊維資源をもたないドイツはナチスの天下になるとともに研究が継続され，またドイツとほぼ似た国情にあったイタリアおよび日本も国家として人造繊維を取り上げ，その技術ならびに工業は質的，量的にも短期間に目覚しい進歩を遂げた．1930年代からは合成繊維が登場し，人造繊維を含めた天然材料からの繊維を次第に凌駕していくことになる．

しかし，1990年代から21世紀に入り，代替エネルギー，循環型社会の構築といった環境関連が重要な問題となり，持続可能な資源であるセルロースが，本来の環境に優しい材料という性質に加えて，バイオマスエネルギーの供給源という別の形で注目されるようになってきている．このような背景の下での，セルロースに高付加価値を加えるための化学処理を以下に記していく．

b. 構造からみる化学改質の方法

そもそもセルロースは，天然で結晶構造を形成してミクロフィブリル形態をとっているので，この結晶構造を有する微小繊維の不均一反応が，化学改質の第一歩である．ミクロフィブリルは，セルロース分子が分子集合体を形成して結晶化したものであるので，まず，セルロース分子の化学構造（一次構造）をみると（図9.1），グルコース残基が β-1,4-グルコシド結合したもの，すなわちグルコースが2回らせんして連結したセロビオースユニットを，一単位とした鎖状高分

9.1 化学処理による改質

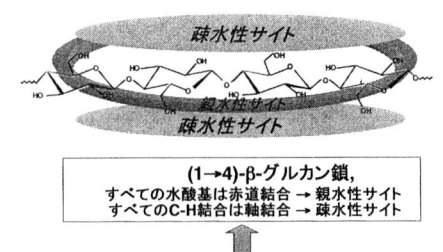

(1→4)-β-グルカン鎖,
すべての水酸基は赤道結合 → 親水性サイト
すべてのC-H結合は軸結合 → 疎水性サイト

高次構造形成

図 9.1 セルロースの一次構造（化学構造）と疎水，親水サイト

子であり，分子構成単位であるグルコース残基は，C2，C3およびC6位に水酸基を有し，2，3位の水酸基は二級，6位の水酸基は一級水酸基となっている．また，セルロース分子の両末端のグルコース残基は，中間の残基と異なり，片末端のC1位の水酸基は還元性を示すので還元性末端基（reducing end group）と称し，アルデヒド基と同じような挙動をするので，この部分を場合によっては狙って化学改質をすることがある．一方のグルコース末端基でC4位の水酸基は還元性を示さないので，非還元性末端基（non reducing end group）と称し，還元性末端に比べて反応性は低い．グルコース残基は，6員環であるグルコピラノース環を形成しており，その正常な原子価角を維持するため6個の炭素原子は同一平面上にない．これは，Haworthにより1929年に明らかにされ，立体配座（conformation）という術語が導入された．セルロースはエネルギー的に最も安定なイス形立体配座（C1形）をとり，すべてのC-H結合は軸と平行なアキシアル（axial, a）結合となり，逆にすべての水酸基の結合は放射状に外側に向かっているエクアトリアル（equatorial, e）結合となる．また，図9.1で示すように，グルコピラノース面に対してアキシアルな方向は疎水性を示し，反対にエクアトリアルな方向は水酸基のために親水性を示す．セルロースのような多糖高分子は，全体として一般的に親水性を示すが，このようにセルロースでは局部的な性質の違いが存在する．これが，セルロースの物性に大きな影響を及ぼす，水酸基を介する水素結合形成によるシート構造形成やそれらシート構造同士の疎水結合（ファンデルワールス結合）による積層構造の構築を促進し，結晶化（ミクロフィブリル形成）へと発展する．

このようにミクロフィブリルは，幾重にも相互作用が交差したものである．表

9. セルロースの高付加価値化

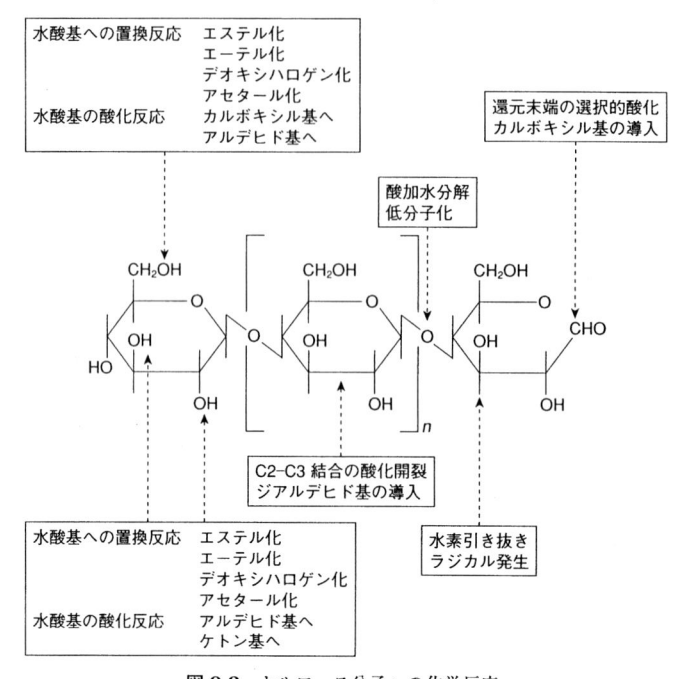

```
水酸基への置換反応    エステル化
                    エーテル化
                    デオキシハロゲン化
                    アセタール化
水酸基の酸化反応      カルボキシル基へ
                    アルデヒド基へ
```

```
還元末端の選択的酸化
カルボキシル基の導入
```

```
酸加水分解
低分子化
```

```
C2-C3 結合の酸化開裂
ジアルデヒド基の導入
```

```
水素引き抜き
ラジカル発生
```

```
水酸基への置換反応    エステル化
                    エーテル化
                    デオキシハロゲン化
                    アセタール化
水酸基の酸化反応      アルデヒド基へ
                    ケトン基へ
```

図 9.2 セルロース分子への化学反応

面への反応は別として，このミクロフィブリル全体の化学改質では，反応試薬の浸透を向上させなくてはならない．すなわち，親水，疎水性のどちらからか分子間相互作用を弱めるように，前処理を施すか，反応系内で同様の効果をもたせる必要がある．この処理のことを「セルロースを膨潤させる」という．または，完全に溶媒に溶解させてしまい，溶液にすることにより，分子中のすべての官能基を活性化する．溶解性は低く，通常，完全に溶解させるためには単一溶媒ではなく，特殊な溶媒系を必要とする（磯貝，2001）．しかしこの場合は，反応性が高い反面，もともとの繊維形態を失うことになり，材料として用いる場合は，さらに構造再構築のプロセスを追加しなくてはならない．

以上のことをふまえて，一次構造に対する化学反応を図 9.2 に示す（磯貝，2001）．上述の還元末端，あるいはグリコシド結合，その他を接点とした反応も報告されているが，水酸基を接点とする反応が最も多い．水酸基を接点とした代表的なセルロースの化学反応は，エステル化，エーテル化である．これらの置換反応は，脱水反応であるため，反応効率を向上させるには，系内からなるべく水

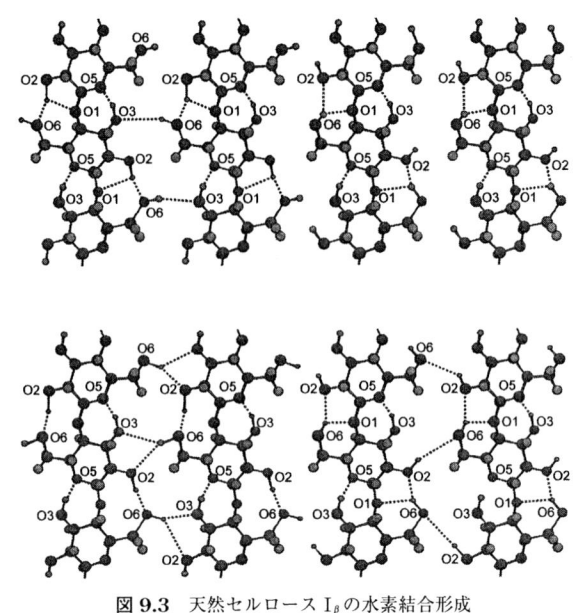

図 9.3 天然セルロース I_β の水素結合形成
上部：コーナー鎖，下部：センター鎖（Nishiyama et al., 2002）.

を除き，添加試薬の水との副反応による消費を極力抑制することが大切である．また，反応後に得られるセルロース誘導体において，グルコース残基中に存在する3つの水酸基のうち，何個がその官能基で置換されているかを示す指標として，置換度（DS : degree of substitution）を用い，また，置換基がグルコースのC2, 3, 6のどの位置にどの程度分布しているかを示す用語として，置換基分布（distribution of substituent）を使う．

高置換度の誘導体を得るには，系内からの水分除去に加えて，分子間および分子内水素結合の切断が効果的である．図9.3に最近報告された天然セルロース I_β 結晶中の水素結合形成状態の模式図を示す（Nishiyama et al., 2002）．水素結合は破線で示されているが，分子内水素結合の数が多く，とくに3位水酸基と5位の環の酸素との間（OH3 - O5）の分子内水素結合が強固であるため，それにより3位の水酸基の反応性が低下する．二量体セロビオース単位における水素結合のわかり易い例を図9.4に挙げる．6位の -CH$_2$OH は，C5 - C6 の結合に関して天然セルロース結晶（cellulose I）ではトランス-ゴーシュ（tg），再生セルロース結晶（cellulose II）ではゴーシュ-トランス（gt）という立体配座をそれぞれ

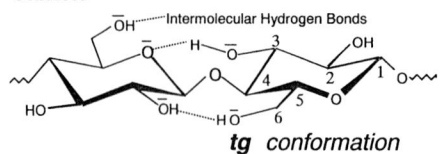

図 9.4 二量体セロビオース単位における天然セルロース中の水素結合

にとる．tg コンフォメーションでは，図のように OH3 – O5 の分子内水素結合のほかに，OH2 – OH6 の分子内，ならびに分子間水素結合も形成される．また，C1 位の炭素にはグリコシド結合している酸素と 5 位の環の酸素が結合しているため，アノメリック炭素と呼ばれ，2 位の水酸基から電子を強くひきつける．その結果，2 位の水酸基の解離が促進され，反応性が向上する．以上のように，3 つの水酸基は，一次構造からでも，高次構造からでも影響を受け，それぞれ異なる極性，反応性を示すことになる．これにより，置換基の分布をもつことになり，それが得られる誘導体の性質に大きく影響する．したがって，誘導体に関して，置換基分布を明らかにすることが重要である．

c. エステル化

エステル化というのは，図 9.5 に示すように，酸触媒（硫酸，トルエンスルホン酸，塩化水素など）存在下での酸とアルコールの直接反応であり，可逆反応でもある．そのため，エステル，水，酸とセルロースの間で最終的には反応平衡に到達する．硫酸などの触媒の主な役割は脱水作用で，平衡をエステル側に誘導する働きをする．反応最終生成物は，酸の水素原子を炭化水素基 R で置換したものとなる．

セルロースのエステル誘導体には，硝酸セルロース，セルロースキサントゲン酸塩のような無機酸エステルと，酢酸セルロースのような有機酸エステルがあり，これまでに多種類のセルロースエステル誘導体の調製，および生成物の解析が報告されている．その詳細は成書（磯貝・手塚，2000）を参照されたい．

エステル反応は，上述のグルコース残基における水酸基の極性，反応性の違いにそれほど影響されず，完全置換体（DS＝3.0）を比較的容易に与える．いいかえれば，エステル化反応そのものを系統的に制御することは困難である．かわりに，完全置換体から部分的にエステル基を脱離させて，希望する置換度や置換基

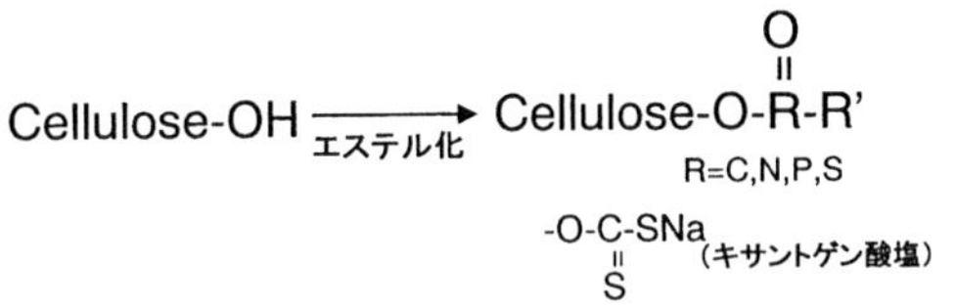

9.1 化学処理による改質

図 9.5 セルロースのエステル化

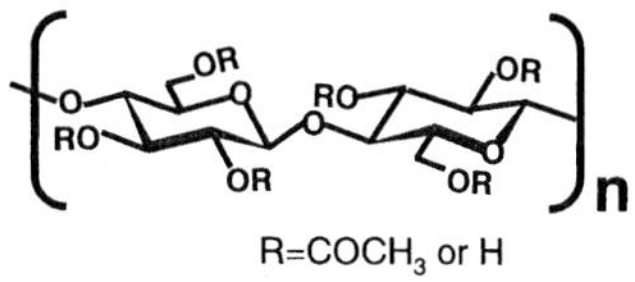

図 9.6 酢酸セルロースの一次構造

分布に近いものを得ようとしている．

1) 無機酸エステル

数多くセルロース無機酸エステルが（たとえば硫酸エステルやリン酸エステル）が研究開発されたが，今なお工業的に商業生産されているのは，150年以上の歴史がある硝化綿（硝酸セルロース：cellulose nitrate）だけである．

硝化綿の主な用途は，工業用ラッカーであり，火薬や推進薬，ほか多数ある．比較的高い置換度を有する硝化綿は，爆発性を示すことから，軍用のみならず鉱山やトンネル発破用薬剤として多量に使用されている．比較的低い置換度の硝化綿は，工業用硝酸セルロースと呼ばれ，JIS溶剤やアルコールなどに高い溶解性を示し，フィルム形成のためのコーティングまたはバインダー剤として常用されている．これらの製造には，硝酸，硫酸と水との古典的な混酸システムが使われている．不均一系での硝化反応はいまだ完全には解明されていないが，硝酸エステル置換はC6とC3位で優先的に起こると考えられている．

2) 有機酸エステル

現在工業的に生産されている有機酸エステルのうち，最も生産量が多いのは酢酸セルロース（セルロースアセテート：cellulose acetate）である．酢酸セルロースは，図9.6に示すように，セルロースのβ-(1, 4)グルカン鎖中の水酸基が，アセチル基でエステル化された半合成高分子である．置換度に応じてその性質は大きく変わるが，酢化度がおよそ55％（置換度2.4）および61％（置換度2.9）の酢酸セルロースが一般的に製造されている．それぞれは慣例上，セルロースジアセテート（二酢酸セルロース），セルローストリアセテート（三酢酸セルロース）と呼ばれている．酢化度と置換度の関係は，以下のようになっている．

$$置換度 = 酢化度 \times 3.86/(142.9 - 酢化度)$$

工業的には，溶媒として酢酸を用いて，硫酸触媒で無水酢酸によりセルロース

はアセチル化される．原料セルロースは溶媒である酢酸や塩化メチレンに溶解しないので，反応の初期は固液不均一系で進行するが，反応の進行とともに，置換度が上昇した生成物は溶媒に溶解するようになり，反応途中から一部均一系の反応も競争的に生じる．このようにして，まずセルローストリアセテートが製造される．これを加水分解により，部分的に脱アセチル化（慣例上熟成と呼ばれる）し，所定の置換度に達した段階で反応を停止する．この方法により，セルロースジアセテートが製造される．

酢酸セルロースは，さまざまな分野で利用されている．主用途は，ⅰ）繊維，ⅱ）フィルム，ⅲ）たばこフィルターである（西村，2000）．いずれも，化学反応で生成された酢酸セルロースが，その疎水性有機溶剤への溶解性の高さから，溶解の後，構造の再構築が容易に行われ，材料の形態に変換されている．

ⅰ）繊維　　繊維用途としては，1921年に米国のセラニーズ社がジアセテート繊維を外観が最も絹に近い人工繊維として工業化した．日本では戦後1947年に工業生産が開始された．その後，トリアセテートの紡糸溶媒として塩化メチレンが工業的に生産されるようになってから，トリアセテート繊維が生産された．ジアセテート繊維は，工業化された当時，染色の困難さがあったが，そのことが分散染料を誕生させた．アセテート繊維は，乾式紡糸より製造しているため，ランダムな断面と側面に多数の溝をもち，また，適度な吸湿性，全繊維中で最も低い屈折率を示し，さらに優れた光沢，風合い，発色性ならびにセット性も示し，各種婦人衣料，和装用，インテリア素材として，幅広く，多品種少量生産を要求する今日の要求に適した繊維という地位を確立している．

ⅱ）フィルム　　フィルムへの成形では，トリアセテートが融解よりも先に熱分解を始めるため，塩化メチレンを主成分とする溶媒にフレーク状のトリアセテートを溶解させ，そのドープを流延する溶液製膜法により製造されている．50年以上前から感光用材料支持体として使われてきたが，現在PET（ポリエチレンテレフタレート）に押され，写真用フィルム用途に限られてきた．それとは逆に，最近トリアセテートの新たな用途が出現した．アセチル基が分子鎖方向に直交した方向にあるため，主鎖が配向しても複屈折がほとんど生じないというトリアセテートの分子構造上の特性（偏光に対する光学的不活性，光学的等方性）を活かした偏光板の保護フィルムとして，液晶ディスプレイに現在使われている．これについては，本書10.4節を参照されたい．

iii）たばこフィルター　　たばこのフィルターは酢酸セルロースの最大の用途である．これには，セルロースジアセテートが使われている．ジアセテートをアセトンに溶解させ精製し，乾式紡糸そして捲縮をかけた後，円柱状のたばこフィルターに巻き上げられる．口金の形，大きさ（径）を変えることで，さまざまな断面形状，断面積をもつフィラメントが製造されている．

　混合エステルを製造する目的は，各エステルの特性を相乗的に利用して，付加価値を高めようとするものである．混合エステルを製造するには，無水酢酸と高級脂肪酸（プロピオン酸，酪酸）の混酸，または無水酢酸と高級脂肪酸無水物の混酸でエステル化して，まずトリエステルをつくり，加水分解によって所定の置換度にする．一般に混合エステルは酢酸セルロースより溶剤への溶解性が優れることから，可塑剤や他の樹脂との相溶性に優れ，印刷インキ，塗料の添加剤，樹脂の変形材料として幅広く使われている．

d.　エーテル化

　セルロースのエーテル誘導体は，基本的にはナトリウムのアルコキシドまたはフェノキシドをハロゲン化炭化水素と処理する，いわゆるウィリアムソン合成により合成される（図9.7）．そのため，水分があると反応効率はきわめて低くなる．反応効率を上げ，高置換度のセルロースエーテル誘導体を得るためには，非水系溶媒中で均一反応を行うか，あるいは脱水触媒を添加する必要がある．しかし，セルロースエステルの場合とは異なり，グルコース残基中の水酸基それぞれの極性の違いがそのまま反応性の違いに反映し，ある程度は反応の制御が可能である．水系溶媒中でのエーテル化反応では，2位，3位，6位のアルキル化に関する反応性は，OH-2＞OH-6＞OH-3と報告されている．一方，非水系均一系溶媒中の各水酸基の反応性は，OH-6≧OH-2≧OH-3　あるいは　OH-2≧OH-6≧OH-3と考えられている．OH-2の反応性が高いのは，まさに9.1.b項で述べたアノメリック効果が顕著であることにほかならない．また，均一系溶媒中では，系内の溶媒分子がセルロースの水酸基に強く相互作用をして，水素結合を弱め，完全溶解させているとともに，各水酸基の反応性の差を解消させていることもある．

　最近では，その各水酸基の反応性の違いを利用して，位置選択的にアルキ

$$\text{Cellulose-OH} \xrightarrow[\text{エーテル化}]{\text{NaOH/H}_2\text{O}} \text{Cellulose-O-R}$$

図 **9.7**　セルロースのエーテル化

ル基を導入して，水素結合形成を制御するとともに，構造と物性の相関を明らかにしようとする基礎研究も行われている（たとえばKondo, 1997）．

これらエーテル類は，反応した置換基のイオン性，非イオン性に分類されて，イオン性の場合にはアニオンとカチオンに，非イオン性の場合には置換基の種類と反応の違いによりアルキルセルロースとヒドロキシアルキルセルロースに分けられる．その置換度や置換基分布，置換基の種類によって，溶解性が異なり，有機溶剤や水，アルカリ水溶液などへの溶解性の違いによって，その用途が分かれている．

1) アルキルセルロース

アルキルセルロースの工業生産は1910年に検討が始まり，とくにメチルセルロースはヨーロッパで1925年に，米国で1938年に製造が開始された．セルロースエステル類が繊維やフィルムなどの構造材料用用途に主として用いられる傾向があるのに比べて，メチルセルロースに代表されるアルキルセルロースは，ファインケミカルスや添加剤のようにケミカルスとして用いられることが多い．その意味では，9.1.b項で述べたように，誘導体化の際に要求される構造の再構築に関して，エステル類とは違う見方ができる．

市販メチルセルロースは，漂白精製された溶解用パルプにアルカリを含侵させアルカリセルロースとした後，エーテル化試薬と反応させる．洗浄の後，粉砕工程を経て製造される．製造の過程で重合度は低下していくため，分子量分布は比較的広い．市販のメチルセルロース（DS1.6程度）は，透明性が高く，流動性をもった水溶液となる．これを加熱すると，白濁したゲル状となり流動性がなくなる．これを冷却すると，再びもとの透明性の高い流動性のある水溶液にもどる（熱可逆ゲル）．この特性により，メチルセルロースは他の水溶性高分子にない保水性や保形成を示し，さまざまな用途に用いられている（恩田・早川，2000）．

2) ヒドロキシアルキルセルロース

ヒドロキシエチルセルロース（HEC），ヒドロキシプロピルセルロース（HPC）は，いずれも非イオン性の水溶性セルロースエーテルである．アルカリセルロースにそれぞれエチレンオキシド，プロピレンオキシドを反応させて合成される．一般に市販されているHECは，付加モル数MS（molar substitution）が1.5〜3.0で置換度は0.9〜1.4の範囲にある．冷水，温水に溶解し，耐pH性，温度安定性，耐塩性，耐薬品性に優れ，増粘，粘着，乳化分散，保水，保護コロ

イドなどの機能を有し，広範囲の粘度の溶液調製に使用することができる．HEC 水溶液はゲル化を起こすことなく，その流動特性は擬塑性流動を示す．置換度 2～3 の HPC は，水および低級アルコールに溶解する．水溶液濃度が 20% 以上になると，玉虫色を示すコレステリック（カイラルネマティック）液晶を示すことは，よく知られている．

e. 前　処　理

9.1.b 項の図 9.3 で示したように，天然セルロースは分子間，および分子内水素結合で強固な結晶構造をとっているので，化学処理を施すにはその表面あるいは内部まで活性化する必要がある．1つの方法としては，マーセル化といわれる手法で，天然セルロースを 21.5% NaOH 水溶液で 20℃，24 時間処理し，4% 酢酸水溶液で中和後，水洗，乾燥することによって，より化学反応を受けやすい再生セルロース（セルロースⅡ）に変換される．同様の再生セルロースを天然セルロースから得る方法は，いったん天然セルロースをセルロース溶剤と呼ばれる特殊な溶媒で溶解させ（磯貝・手塚, 2000），その溶液を水中に注ぎ，セルロースを再生させる．その溶液を非水系のセルロース貧溶剤に注ぐと，非結晶性の高いセルロースが再生される．これらは，天然セルロースに比べて化学改質を受けやすい．また，アルカリ処理の前に，液体アンモニア処理すると，低アルカリ濃度で短時間にセルロースⅡに変換できるという報告もある．液体アンモニア処理の後，熱処理を加えるとセルロースⅢの結晶に変換することが知られており，液体アンモニア処理で天然セルロース結晶構造をある程度は膨潤させることができると考えられる．液体アンモニア処理は，-80℃ の極低温で行うので注意を要する（高井・田島, 2000）．　　　　　　　　　　　　　　　　〔近藤哲男〕

文　献

1) 磯貝　明 (2001). セルロースの材料科学, p.24, 東京大学出版会.
2) 磯貝　明・手塚育史 (2000). セルロースの事典（セルロース学会編）, p.113, 131, 朝倉書店.
3) Kondo, T. (1997). *J. Polym. Sci. B. Polym. Phys.*, **35**: 717.
4) 西村久雄 (2000). セルロースの事典（セルロース学会編）, p.477, 朝倉書店.
5) Nishiyama, Y., et al. (2002). *J. Am. Chem. Soc.*, **121**: 9074.
6) 野村忠範 (2000). セルロースの事典（セルロース学会編）, p.462, 朝倉書店.
7) 恩田吉郎・早川和久 (2000). セルロースの事典（セルロース学会編）, p.481, 朝倉書店.
8) 高井光男・田島健次 (2000). セルロースの事典（セルロース学会編）, p.97, 朝倉書店.

9.2 物理的処理による改質

a. 叩解と粉砕

セルロースの物理的処理は製紙技術の一部として長い歴史をもっている．製紙工程における叩解（こうかい）では，木材からパルプ化・漂白などによって得られたセルロース繊維を水中に分散させてスラリー状にし，回転刃などの間を通すことによって圧力やせん断力を加え，より細い繊維にほぐし毛羽立たせている．この処理によって，抄紙した場合に繊維同士が絡み合い水素結合により接着して強度に優れた紙ができる．叩解が進むにつれ，セルロース繊維はほぐされ，その間に水が入り込み，さらに繊維同士を引き離し，膨潤が起こる．叩解では，機械的な圧力やせん断力により繊維の切断も起こる．叩解を進めると，繊維はよりほぐされるが繊維は短くなる．叩解度が高くなるにつれ，得られた紙の引張強度は高くなるが引き裂き強さは低下することが知られている．これは，短繊維からの紙では，繊維どうしの結合点は増加して引張には強くなるが，引き裂く場合には応力が一点に集中しやすくなり引裂きに対して弱くなるためである．実際的な製紙では，用途に応じて繊維の膨潤の程度と繊維長が適切になるように叩解度が選択されている．

叩解により天然セルロース繊維は，より細い繊維が出現する．この細くなった繊維をフィブリルと呼んでいる．セルロース繊維は，より細いフィブリルが集合して束となって，大きな繊維となっている．フィブリルはさらに細いミクロフィブリル（～30 nm）が集合して形成されている．セルロース繊維に機械的な処理を加えると，より細いフィブリルになるが，ミクロフィブリルまで小さくすることは強力な水素結合などにより集合しているため簡単ではない．

特殊な方法を用いるとセルロース繊維をミクロフィブリル化することができる．ダイセル化学工業から，微小繊維状セルロース（商標名：セリッシュ）が製造・販売されている．これは，セルロース繊維のスラリーを高圧ホモジナイザーにより，短時間でせん断力や衝撃力を加えて，繊維軸方向に引き裂いて微細化している．この微小繊維状セルロースは $0.01\ \mu m$ 程度の細さのミクロフィブリルになっており，お互いが絡み合い，その間に多数の空間をもつ網目構造を形成している．この空間に液体や固体を保持する機能を有するため，保水剤や濾過助剤として，食品添加物や日本酒など醸造品の濾過に利用されている．物理的処理を施

さなくても，酢酸菌などのバクテリアが生産したセルロースは，網目構造をもった微細なフィブリル状となっている．

前述の叩解においては，目的に応じて原料パルプ濃度を数％から数十％まで調整している．これとは対照的に，水などの媒体をほとんど含まない乾燥状態（乾式）でのセルロース繊維や木材の機械的処理による改質としては，粉砕処理が最も一般的である．粉砕処理はボールミルやロッドミルによって行われる．これらは，金属やセラミックの容器の中に，原料と一緒に金属ボールやロッドを入れ，上下左右に振動させたり，回転させることにより，お互いを衝突させ，その衝撃力で粉砕を行う．乾式粉砕では，セルロース繊維は切断されて短くなり粒子状になる．粉砕技術も叩解技術と同様に古くから研究・開発が行われている．木材はセルロースやリグニン，ヘミセルロースなどから構成されているが，木材成分の抽出・溶解を目的とした粉砕方法が研究されてきた．とくに，木材を構成しているリグニンは化学的に抽出すると，不可逆的な変質などを起こしやすいため，効率的な抽出法として非膨潤性溶媒（トルエンなど）とともに粉砕した後，溶媒抽出する法が1950年代に提案されている．この方法で抽出されたリグニンはmilled wood lignin（MWL）と呼ばれ，現在でもリグニン研究の標準法として利用されている．また，純粋なセルロースは，セルロース自身に毒性がなく，無味・無臭であるとともに，人間は消化できないため，ノンカロリー・低カロリー食品などへの利用を目的とした粉砕技術の研究も行われている．近年，二酸化炭素による地球温暖化対策技術として，木材などのバイオマス資源の高度利用が注目されるようになった．現在，廃木材や古紙を原料とし，構成成分であるセルロースなど多糖類を酵素分解あるいは酸加水分解してグルコースなどの単糖類を生産し，さらに酵素などを用いた発酵技術によりエタノールに変換し，ガソリン代替として利用するための燃料化技術が注目されている．セルロースからのグルコース製造工程では，加水分解処理の前段階として，原料の表面積を大きくしたり化学的な反応性や酵素分解性を高めるために，低コスト・高効率での微粉砕技術が重要となっている．

b. 粉砕と生成セルロース粒子の性質

機械的な衝撃力で物質を小さくしようとする場合，たとえばゴムをハンマーで叩いてもなかなか小さくなりにくいが，石は硬いけれども強く叩くと砕かれて小

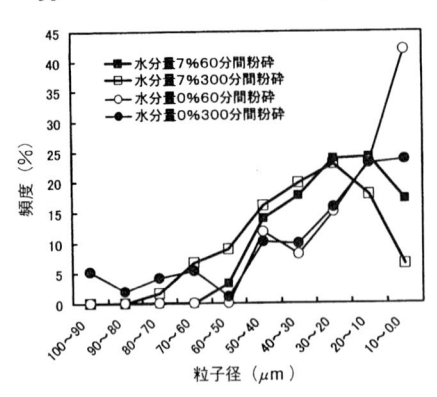

図9.8 精製セルロース繊維を粉砕した場合の生成粒子径に及ぼす吸着水分と粉砕時間の影響（粒子径は沈降法で測定）

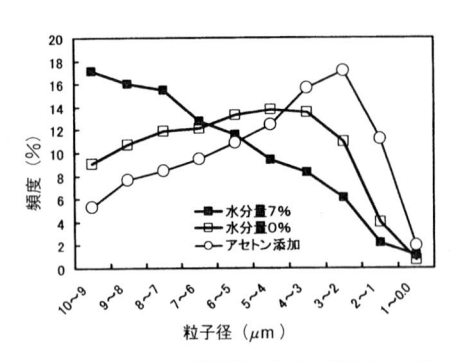

図9.9 セルロース微粒子の生成に及ぼすアセトンの添加効果
10 μm以上の粒子も存在するが，ここでは10 μm以下のみの分布を示している．測定は沈降法．

さくなる．一般的に，木材やセルロース繊維は，比較的柔軟であるため，機械的に粉砕しようとしても微細な粒子にはなりにくい．また，粉砕を進めすぎると，生成した微細な一次粒子の再凝集が起こり，逆に粒子が大きくなる．少量の水が共存する場合には，より再凝集が促進される．木材の粉砕では，リグニンやヘミセルロースなどの熱可塑性成分の影響による再凝集も起こる．図9.8に，綿花由来のリンター繊維を精製して得られた高純度セルロース繊維をボールミル粉砕した場合の例を示す．ここでは異なる吸着水分量をもつセルロース原料を60分間または300分間粉砕し，生成した粒子径を比較している．約7%の水分量は，セルロース繊維が空気中の水分を吸収して平衡になっている状態で，身の回りの木綿や紙などもこの程度の水分をもっている．粉砕60分間で比較してみると，水分量がほぼ0%の場合には，約7%の場合と比較して，より小さな粒子が生成している．これは，水分がないことで再凝集が抑制されるとともに，乾燥によりセルロース繊維はより堅く脆くなり効果的に微粒子が生成するためである．しかし，より小さな粒子を得ようと粉砕時間を長くすると，逆に大きな粒子が増えて再凝集が起こっている．水分が0%でも，長時間粉砕では再凝集により10ミクロン以下の小さな粒子は減少している（遠藤ら，1999a）．

十分に乾燥しても水分子は空気中からも容易にセルロースに吸着する．その水分子により引き起こされる凝集を抑制するために，水の代わりに有機溶媒などを添加して粉砕すると，効果的にセルロース微粒子が生成する．図9.9には，十分

9.2 物理的処理による改質

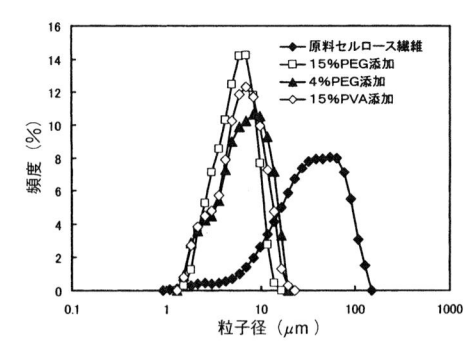

図 9.10 セルロース微粒子の生成に及ぼす合成ポリマーの添加効果（測定はレーザ回折法）

に乾燥したセルロース繊維にアセトンを少量吸着させて粉砕した場合に得られる粒子の分布を示している．添加したアセトンなどの揮発性溶媒は，減圧にするなどして容易に除去することができる（遠藤ら，1996）．

前述したようにセルロースを機械的に粉砕する場合には，再凝集が起こり，微細な粒子は得られにくい．媒体として有機溶媒を添加すると，より微粒子が生成するが，液体ではなく固体物質を添加しても効果がある．セルロース繊維と，セルロースに親和性を示すようなポリマーとを混合して粉砕すると，より微粒子が生成する．図 9.10 にはポリエチレングリコールまたはポリビニルアルコールを少量添加した後，粉砕して得られたセルロース微粒子の分布を示している．ポリエチレングリコール（PEG）およびポリビニルアルコール（PVA）は水溶性の合成ポリマーで，セルロース分子とは親和性が高い．親和性ポリマーとの混合粉砕により生成するセルロース粒子は，生成過程でその周囲を添加したポリマーによって覆われて，凝集が強く抑制されて効果的に粉砕が進行し，微粒子になる．生成物はセルロース微粒子と添加したポリマーとの集合体となっているが，セルロース自身は微粒子になっているため，添加したポリマーを溶解するような溶媒中に投入すると，容易にセルロース微粒子の分散液が得られる．また，溶媒以外でも，プラスチック樹脂などへ練り込んだ際も分散が容易となる（遠藤ら，1999b）．

セルロース微粒子の製造方法としては，乾式の粉砕法以外にも湿式粉砕法がある．セルロース繊維を水に分散させて粉砕すると，スラリー状になったセルロース微粒子が得られるが，加熱乾燥などにより水を除去しようとすると凝集してし

まい，そのままでは乾燥した微粉体は得られにくい．乾式粉砕法により得られるセルロース微粒子は，乾燥状態で得られるため，直接に粉体のまま用いたり，溶媒に分散させたり，他の物質に練り込んだりと種々の用途に利用しやすい．粉砕法ではないが，セルロースを酸加水分解することにより工業的に微粉体が製造されている．この方法では酸加水分解により生成したセルロース微粒子の周囲を水溶性ポリマーなどでコーティングした後，乾燥することにより乾燥微粉体としている．この酸加水分解で得られるものは微結晶セルロースと呼ばれ，医薬品を錠剤成形するための賦形剤や食品添加物として広く使われている．国内では，旭化成から製造・販売されている（商標名：アビセル）．

c. 粉砕によるセルロース分子の変化

ボールミル粉砕で生成するセルロース微粒子は，小さくても数 μm であるが，粉砕による機械的エネルギーは，より小さなオーダーのセルロース分子の配列にも影響を与える．セルロース繊維を構成するミクロフィブリル（CMF）はセルロース分子が集合した束であるが，そのミクロフィブリル中には分子鎖配列の整った結晶領域と分子鎖配列の乱れた非晶（アモルファス）領域が存在している．粉砕過程では，この結晶領域が壊されて，粉砕時間とともに結晶性が低下して非晶化する．共存している水分子は，マクロ的には再凝集を促進する．ミクロ的にはミクロフィブリルの非晶領域に結合して，ミクロフィブリルやフィブリル全体を柔らかくする働きがある．十分に乾燥した場合には，ミクロフィブリルやフィブリル，さらには繊維がより堅く剛直になり，機械的衝撃力に対して弱くなって微粒子が生成するとともに結晶性が早く低下する（図9.11）．天然セルロースでは，乾燥すると結晶性が低下し，吸水すると結晶性が高くなることが知られている．これは，乾燥により非晶領域などに吸着している水分子が失われると，その部分に新たに水素結合が形成され，ミクロフィブリル全体が歪むためと考えられている．

一般的に，柔らかい物質は，機械的には粉砕されにくい．機械的な粉砕では，

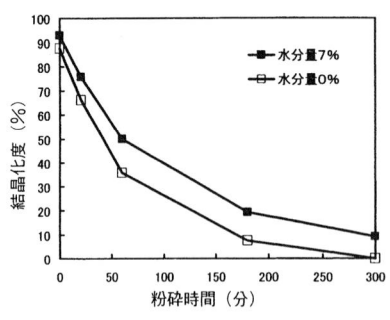

図 9.11 生成セルロース微粒子の結晶性に及ぼす吸着水分と粉砕時間の影響

衝撃力や摩擦力のために温度が上昇する．それによって，物質が柔らかくなったり，さらには溶融したり，粘着性を示すなどして，粉砕が進みにくくなる場合がある．そこで，凍結あるいは低温にすることにより分子の運動性を下げて堅く脆くして粉砕する凍結粉砕法がある．温度が高くなると変質したり香気が逃げたりするような医薬品や食品などの粉砕に利用されている．セルロース繊維は，凍結粉砕しなくても微粉砕が可能であるが，室温と低温では，粉砕による生成粒子の結晶性が大きく異なる．吸着水分をほとんどもっていないセルロース繊維を粉砕した場合は，室温でも低温でも同様に結晶性は低下するが，吸着水分をもっている場合には，結晶性がほとんど低下せずに微粒子が生成する．これは，セルロースの吸着水分はミクロフィブリルの非晶領域に多く結合しているため，低温で水が凍ることなどにより非晶領域が脆くなり，粉砕の影響を優先的に受けるためと考えられている．

粉砕では結晶性とともに分子量も変化する．天然セルロースは生合成する生物によって異なる分子量をもっている．一般的に，その分子量は構成単位のグルコースの数で示され，重合度といわれる．天然の木綿は重合度10,000以上，木材では5,000程度であるが，精製過程での化学的・物理的処理によりセルロース分子の重合度は低下する．高等植物由来のセルロースを希酸で加水分解すると，最初，急激に重合度が低下した後，200〜250程度で変化しなくなる現象が起こる（レベルオフ重合度）．酸加水分解では結晶領域を残して非晶領域が優先的に加水分解され，元の結晶秩序の持続性がレベルオフ重合度として現れているためと考えられている．ボールミル粉砕した場合にも同様な現象がみられる．粉砕原料のセルロースとして重合度が約650と220の場合での比較を図9.12に示している．原料の重合度が高い場合には，粉砕初期では急激に重合度は低下して，その後はゆっくりと減少する．重合度が220程度のすでにレベルオフ重合度になっている原料では，粉砕初期からゆっくりとした重合度低下が起こる（遠藤ら，1999a）．

d. セルロース微粒子の成形

ミクロフィブリルの結晶領域では，お互いのセルロース分子は規則的な水素結合により強固に結合し，分子は整列している．この水素結合に関与するセルロース分子の水酸基は，化学的な反応性が低い．機械的粉砕により生成したセルロース微粒子では，規則的な水素結合が切断され，セルロース分子鎖の配列が乱れ結

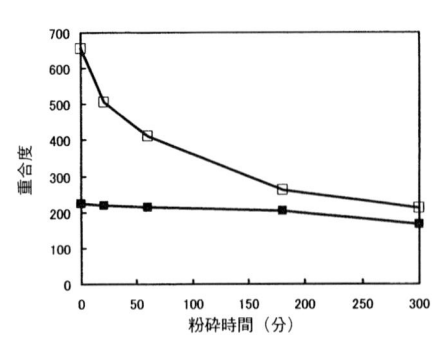

図 9.12 粉砕による生成セルロース粒子の重合度の変化

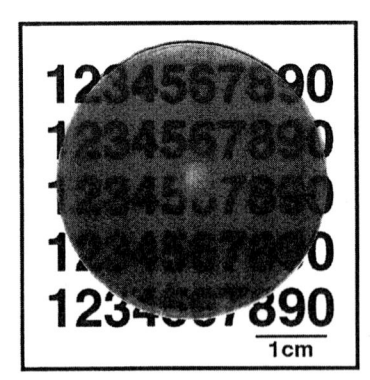

図 9.13 セルロース微粒子の加熱圧縮成形により得られた透明性を有する成形板（厚さ約 1 mm）

晶性が低くなり，水酸基の反応性が高くなっている．このようなセルロースは，溶解性や酵素分解速度が早くなる．

　粉砕により得られた低結晶性のセルロース微粒子は，微粉体としての流動性と水酸基の反応性を利用して，加熱圧縮成形することができる．3～5% の吸着水分をもったセルロース微粒子を，120℃，50 MPa で加熱圧縮すると透明性をもった板が得られる．5% 程度の少量の水分量では，そのほとんどは非晶領域またはミクロフィブリル表面のセルロース水酸基と結合している．加熱圧縮する過程では，この水分子が蒸発しながら，セルロースの分子間やミクロフィブリル間に新たな水素結合が再形成されるとともに，粒子間にも再水素結合を形成し粒子界面が密に接触して，図 9.13 のように透明性をもった板状成形体が得られる (Endo et al., 2000)．成形板の生成には吸着水分量が大きく影響し，透明性を有した成形板が得られるのは，吸着水分が 3～5% 程度の範囲のみである．低い水分量では，水素結合が効率的に再形成されず，多い場合にはセルロースの分解が進行して透明性をもった板は得られない．

　木材を粉砕して得られた木粉からは，接着剤などを用いることなく，直接に加熱圧縮することにより，プラスチック様の外観を有してプラスチック以上の強度をもつ成形体が得られている．木粉の代わりに，木材パルプをミクロフィブリル化してデンプンや樹脂を混合して加熱圧縮すると，マグネシウム合金より強い曲げ強度をもつ材料も開発されている（矢野ら，2002）．

e. 粉砕による複合化

異なるポリマー同士の分子レベルでの混合・分散は，その程度によりさまざまな状態が存在するが，一般化すると，「相溶」「相溶化」と呼ばれている．高分子の複合化は，ポリマーブレンド，ポリマーアロイと呼ばれ，その系でのポリマー同士の相溶性の評価は，高分子化学の中でも重要な研究領域でもある．相溶化ではポリマー分子の運動性やお互いの分子間での水素結合形成などを熱量測定や赤外分光法あるいは固体NMR法などで調べることにより，相溶性の程度が評価されている．

セルロース分子は，分子内・分子間の強固な水素結合により集合してフィブリルを形成しており，水やアルコールなど一般的な溶媒には溶けない．また，プラスチック樹脂のように，熱を加えて溶融することもできない．そのため，セルロース分子を他の物質，たとえば合成ポリマーなどと分子のレベルで複合化するためには，お互いを特殊な溶媒に溶かして行う方法が一般的である．

機械的な粉砕エネルギーは，単純にセルロース繊維を小さくすることのみではなく，分子レベルでも作用する．セルロースと合成ポリマーを物理的に混合して粉砕処理すると，お互いが相溶化することが見出されている（Endo *et al.*, 1999）．図9.14には，セルロースとポリエチレングリコール（PEG）とを混合粉砕して得られた複合体中のPEGの熱特性の変化を示している．セルロースは融

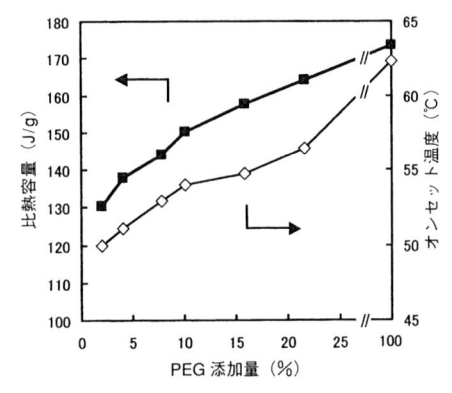

図 **9.14** セルロースとポリエチレングリコール（PEG）を混合粉砕して得られた複合体におけるPEGの熱特性の変化（オンセット温度．この場合はPEGの溶融が始まる温度）

点などをもっていないが，PEG は約 65℃ に融点をもっている．一般的にポリマーどうしが相溶化すると，その複合化割合に応じて融点やガラス転移点，比熱容量などの熱特性が変化する．熱特性の変化は，ポリマー分子の運動性を反映している．このセルロース― PEG 複合体の場合にも，融点および比熱容量の変化が観測されている．均一溶媒系では，セルロースと複合化させたいポリマーの両者を溶解できる共通溶媒が必要であるが，この機械的粉砕による複合化では，セルロースや合成ポリマーの溶解操作が必要なく，固体状態のままで可能である．そのため，従来にない新しいセルロース系複合体の開発が期待されている．

〔遠藤貴士〕

文　献

1) 遠藤貴士，他 (1996)．特許第 2560235 号．
2) 遠藤貴士，他 (1999a)．高分子論文集，**56**(3)：166．
3) 遠藤貴士，他 (1999b)．特許第 2979135 号，科学技術庁第 59 回注目発明選定．
4) Endo, T. *et al.* (1999). *Chem. Lett.*, **1999**：1155.
5) Endo, T. *et al.* (2000). *Polymer J.*, **32**(2)：182.
6) 矢野浩之，他 (2002)．セルロース学会第 9 回年次大会講演要旨集，p.7．

10. 身のまわりのセルロース

10.1 好まれる綿100%の繊維

1）綿と人類のかかわり

綿（コットン）と人類のかかわりは古く，紀元前5000年にはメキシコにおいて綿花が栽培されていたことがわかっている．綿繊維のセルロース含量が約95％であることを考えると，人類はまさに7000年の長きにわたりセルロース材料を身にまとってきたということができよう．

2）綿花の生産量

図10.1に最近10年間の世界の原料繊維生産量を示す．2001年においても綿花は全繊維生産量の40％を占め，年間約2,000万トンが生産されている．ここ数年は合成繊維生産量の伸びが顕著であるものの，綿花の生産量も人口の増加に追随して着実に伸びていることが見てとれよう．このことは綿が現在も消費者に好

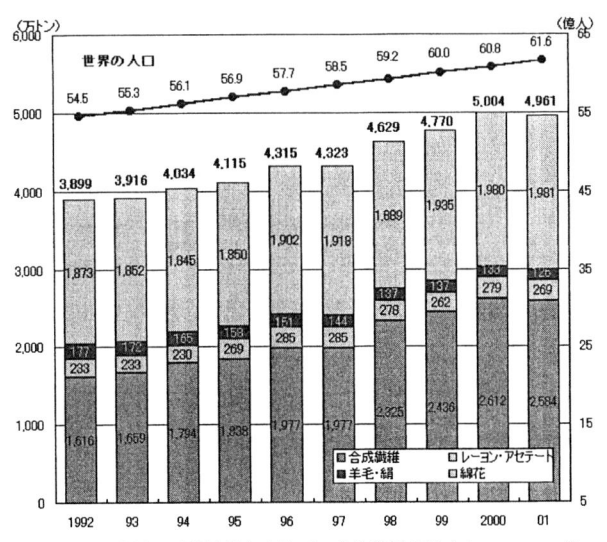

図10.1 世界の原料繊維生産量（日本化学繊維協会ホームページ）

まれている素材であることを示す証左に他ならない．

この生産量2,000万トンのうち約25%は中国において生産されており，米国が20%，インドが12%とこれに続いている．日本においては江戸時代から明治時代にかけて綿作農業が行われていたことがあるが，現在ではもはや商業的栽培は行われておらず，そのすべてを輸入に頼っている．2001年に日本が輸入した綿花は24万トンで，その約60%はオーストラリア産である．

3) 綿100%製品の特徴

このように現在も綿製品が好まれる理由は何であろうか．以下にその特徴を列挙する．

長所：・風合いが良く，肌に優しい． ・湿潤強度が乾燥強度よりも高い．
　　　・保温性がある． ・高温でも溶融せず，一般的な溶剤には溶解しない．
　　　・吸水性，吸湿性に優れる．
　　　・静電気が起きにくい． ・生分解され，環境負荷が少ない．
　　　・染色性が良い．

短所：・しわになりやすい． ・放湿速度が小さく，乾きにくい．
　　　・洗濯により縮む． ・易燃性である．

これらの特徴は，綿の主要構成成分であるセルロースに由来する性質に，綿繊維独特の構造的な要因が加味されることにより発現している．図10.2に綿繊維の構造を示す．繊維細胞の細胞質であった部分が乾燥し，中空状の内腔（ルーメン）が形成されている．これにより保温性や保水性がもたらされるばかりでなく，乾燥過程で中空部分がつぶれることにより，繊維に天然の撚り（コンボリューション）が生じ，繊維どうしが絡みやすくなり，可紡性が付与される．

4) 代表的な綿100%製品

上記特徴をもつ綿製品は，主に織物，編物（ニット）または不織布の形に加工

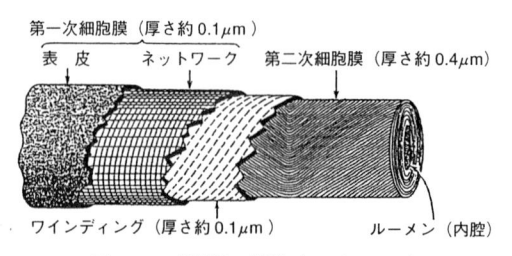

図10.2 綿繊維の構造（Hamby, 1965）

され使用される．代表的なものとして，織物ではタオルやハンカチ，ジーンズ，編物では肌着やTシャツ，不織布ではぬれおしぼりなどが挙げられよう．人間の肌に直接触れるこれらの分野はまさに綿100％製品の独壇場ということができ，混紡など綿100％以外の製品を使用する人は少ない．ここにも綿と人間との相性の良さが示されている．

〔長谷川　修〕

10.2　ソーセージからスポンジまで──再生セルロースの世界

　再生セルロースはレーヨン，ベンベルグ，テンセルなどの商品名で衣料用繊維として知られているが，セロファン，ソーセージケーシング用のチューブ，家庭用のスポンジなど身近なものにもよく使われている．図10.3に再生セルロースの製品群を示す．製品のほとんどは，パルプを二硫化炭素と反応させカセイソーダ水溶液に溶解させたビスコース溶液から得られるが，繊維（不織布を含む）の一部は銅アンモニア溶液やN-メチルモルホリンオキサイド系溶液から得られる．生産量はやはり衣料用繊維が最も多く250万トン（1993年）であり，綿を含めた世界の全繊維生産量の6％ほどをしめる．再生セルロース繊維はしなやかさ（ドレープ性）や表面の滑らかさ，優れた発色性や光沢など独特の風合いを有しており，一定の市場を確保しているが，生産量は漸減傾向である．

　繊維の次に市場が大きいのはビスコース溶液をスリットノズルからフィルム状に成形されたセロファンである．メーカーのトップはUCB社（英）でありシェアーは50％近くもある．UCB社は近年アメリカのフレキセル社や英国のコートルズ社の工場を買収し寡占化を進めている．日本では二村化学工業とレンゴーの

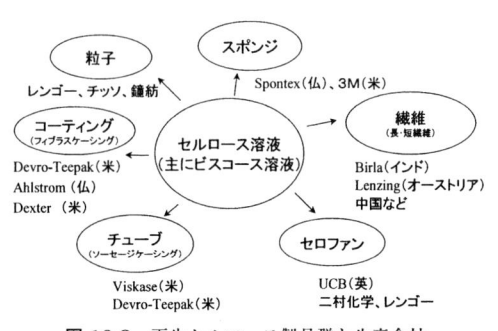

図10.3　再生セルロース製品群と生産会社

2社が生産している．主な用途は，日本ではセロハンテープであるが，海外ではお菓子の包装用である．小さなキャンディーなどフィルムで包装され，両端がねじってとめられているのをよく見かけるが，これがセロファンである．いったんねじったのが元に戻らないところがよいそうである．またセロファンは花束の包装にもよく使われている．ブーケ廻りの透明なフィルムである．パリパリした感じや光沢感などがよいようである．このようにセロファンはその独特な特性からニッチな市場を確実に確保している．

ソーセージのケーシングにも再生セルロースが使われている．再生セルロースのケーシングは，ビスコース溶液を二重円筒状のノズルからチューブ状に成形して得られる．ケーシング素材は再生セルロースのほか天然腸（羊の腸）とコラーゲン製がある．食べてパリッと歯切れよいのが天然腸で，ほとんど食感がないのがコラーゲン製である．一方，何もない，いわゆる皮なしウインナーが再生セルロースケーシングにより製造されたものである．再生セルロースは食べることができないので，ソーセージ製造工程で使われ，出荷前に完全に剥がされる．なぜセルロースかというと，肉をケーシングに詰めた後，くん煙処理やくん煙の模倣であるくん液含浸処理するので，ケーシングに物質の透過性が必要だからである．再生セルロースフィルムは乾燥状態ではバリア性に非常に優れ，物質は透過しにくいが，含水状態，すなわち肉を詰めた状態では逆に著しく透過性が高くなる．くん煙やくん液含浸処理しない魚肉ソーセージのケーシングは，したがってより保存性に優れる塩化ビニリデン製である．本物志向の強いヨーロッパや日本は天然腸が主流であるが，アメリカは再生セルロースが圧倒的に主流である．ホットドッグ用ソーセージがほとんどなので，食感はあまり関係ないのかもしれないし，天然腸のように曲がっていては，ホットドッグ用として適していないのかもしれない．メーカーはいずれもアメリカのビスケース社，デブローティーパック社の2社に収斂されている．再生セルロースの推定市場はアメリカだけで250億円である．ミートケーシングには紙にビスコース溶液を塗工したフィブラスケーシングも知られている．これはソーセージより大型のハム用に使われる．

日本ではスポンジといえばナイロン製やポリウレタン製であるが，欧米，とくにヨーロッパでは再生セルロース製が主流である．日本で普及しない理由はよくわからないが，湿度が高いため，使い終わったスポンジがいつまでも乾かないからかもしれない．洗車用の再生セルローススポンジをたまに見かけるくらいであ

る．再生セルローススポンジは次のようにつくられる．まずビスコース溶液に，十分過飽和になるように多量の硫酸ナトリウムの結晶を加える．次に加熱しビスコース溶液をゲル化させる．ビスコース溶液は不安定で加熱により容易にゲル状に固化する．硫酸水溶液で再生後，水洗するが，水洗過程で，過飽和の硫酸ナトリウム結晶が溶解除去され，スポンジの孔となる．スポンジの孔の大きさや密度は，加える硫酸ナトリウム結晶の大きさや量によりコントロールされる．メーカーはスポンテックス（仏）と3M（米）の2社に収斂されており，推定市場は欧米で400億円である．ビスコース溶液から粒子も製造され化粧品などの用途に使用されている．

以上のように，再生セルロースはその独特な物性で，1つ1つは小さいながらも確実な市場を形成している．しかし，繊維を除きメーカーは世界的にみても2～3社に集約され，生産は横ばいか漸減傾向である．次世代の再生セルロース産業を創造・活性化させるためにも，生産方法の抜本的改良や新機能の発見・付与など積極的に需要を喚起する研究開発が期待される．

〔山根千弘〕

10.3　分離膜—水を浄化するセルロース

セルロース系素材を用いた分離膜は，実用膜として最も古くから利用されながら，現在もなお，医療，水処理および各種工業分野などその適用範囲はきわめて広い．膜分離技術の実用化は，1960年にLoebとSourirajanが海水の淡水化を目的とした酢酸セルロース製の逆浸透膜を発明したことにより端を発したといわれている．この膜は，酢酸セルロース膜が他の素材に比べて水分子をその表面に選択的に吸着しやすいという性質と膜構造が生体膜に類似して非対称構造であるという特徴により，それまでの市販膜に比べて約100倍の速度で海水から真水を得ることができる画期的なものであった．セルロース系分離膜が今日までも幅広く利用されている理由は，基本的にはこのセルロース素材のもつ水との親和性（親水性）と膜構造制御の容易さという特徴にある．以下には，このようなセルロース系分離膜の特徴を逆浸透膜，透析膜および最近の水道用膜を例に述べる．

1）逆浸透膜

多孔質分離膜は，一般に膜細孔径の大きさにより逆浸透膜（孔径＜数Å），ナノ濾過膜（孔径＝数Å～数nm），限外濾過膜（孔径＝3～20nm）および精密濾

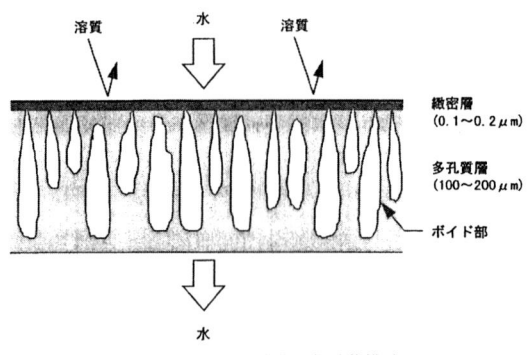

図 10.4　逆浸透膜の非対称構造

過膜（孔径＝0.02～10 μm）に分類される．分離対象とするイオン，分子，微粒子などのサイズや荷電に応じてこれら分離膜の種類が使い分けられる．逆浸透膜としては，今日までも酢酸セルロース膜が用いられており，とくに海水およびかん水の淡水化において大規模に適用されている．現在の逆浸透膜は表面に約 0.1～0.2 μm の均質な緻密層とこれを支持する約 100～200 μm の多孔質層をもつ非対称構造であり，海水中の Na^+，Cl^- はこの緻密層（スキン層）で約 99％ 以上阻止することができる．図 10.4 に非対称膜構造の概念を示す．このような非対称膜は一般に湿式相転換法によって形成される．相転換法は高分子の溶液相から固相に転換する過程で高分子の希薄層と濃厚層をつくり，希薄部を空孔部分とする膜形成方法である（松浦，1985）．海水淡水化用の酢酸セルロース膜には実用上微生物分解が起こりにくい三酢酸セルロース膜が用いられている．また，酢酸セルロース膜は加水分解を受けやすく，原水の pH 範囲が 4～8.5 程度，温度範囲も 45℃ 以下と使用領域が狭いため，メッキ排水の処理，電着塗料の回収などの工業プロセス用途にはあまり適用されていない．酢酸セルロースのこれらの欠点を補うため，他のセルロース誘導体を用いたり，架橋や他の高分子とブレンドによる素材改質など多くの試みがなされたが，実用レベルで酢酸セルロース膜に代わるほどの優れた膜素材は見出されていない．

2) 透　析　膜

現在，セルロース系分離膜の最大の用途は血液透析である．血液透析膜は慢性腎不全患者の血液から尿毒素成分を除くためのものであり，当初は尿素などの低分子物質のみが除去対象であったが，近年は分子量 1～2 万の中分子量物質が除

表 10.1 酢酸セルロース膜および合成高分子膜の特性比較

	酢酸セルロース膜	ポリエーテルスルホン膜	ポリアクリロニトリル膜
接触角 [°]	50～55	65～70	52～58
吸水率 (25℃) [%]	4.7～6.5	0.4～0.8	2.5～3.6
BSA 吸着量[1] [mg/m^2, pH7]	0.5	3.5	1.3
ゼータ電位 [mV, pH7]	-30	-4.2	-7.5
実液安定透過流束[2] [L/m^2h]	60～110	20～40	30～50

1) 牛血清アルブミン (BSA) 水溶液に膜を浸漬後の平衡吸着量.
2) 平均濁度4の河川水を濾過圧力 50 kPa, 回収率 90% で濾過した場合の透過流束の定常値.

去できる孔径の大きな透析膜が普及している．透析膜の素材は再生セルロースおよび酢酸セルロースが最も多く, 中空糸膜として用いられている (須磨, 1987). 再生セルロース膜は親水性が高いため, 血漿タンパク質の吸着が少なく, 低分子物質の除去性能にすぐれた特長がある．一方, 酢酸セルロース膜は多孔化が比較的容易であり, 中分子量物質を高い透過流束で除去することができる (桜井ら, 1995). また, 酢酸セルロース膜には補体活性が抑制され, 生体適合性にすぐれるという特徴もある (須磨, 1987). 透析膜以外の血液浄化膜として血漿分離膜 (関口ら, 1985) やウイルス除去膜 (真鍋, 1988) があるが, ここでも酢酸セルロース膜や再生セルロース膜が用いられている.

3) 水 道 用 膜

従来の浄水処理の多くは凝集沈殿, 砂濾過, 殺菌を基本プロセスとしている. しかし近年, 水源水質の汚染や既存設備の老朽化などの問題から従来法による安全な水道水確保が困難になりつつある．膜利用型浄水処理法は従来法を代替できる技術として最近注目され, 実用化が進んでいる．この分野でもセルロース系素材の優れた特徴ゆえに, 酢酸セルロース製中空糸膜が多く用いられている (中塚ら, 1999). 表 10.1 には酢酸セルロース膜の特性および河川水を原水として膜濾過した場合の安定透過流束を汎用の合成高分子膜と比較した．酢酸セルロース膜は親水性であり, かつ膜の表面電位がアセチル基の極性によって比較的大きく負に帯電しているため, 原水中の懸濁物質 (ほとんどが負のζ電位をもつ) が静電反発によって吸着されにくいことが大きな特徴である．したがって, 酢酸セルロース膜は膜目詰まりが起こりにくく, 高い処理水量を安定に確保でき, 効率のよい浄水処理を可能にさせる． 〔中塚修志〕

文　献

1) 真鍋征一 (1988). Boundary, **4** : 63-70.
2) 松浦　剛 (1985). 合成膜の基礎, p.25, 喜多見書房.
3) 中塚修志, 他 (1999). Cellulose Commun., **6**(2) : 59.
4) 桜井秀彦, 他 (1995). 膜, **20**(5) : 368-369.
5) 関口　孝, 他 (1985). 人工臓器, **14** : 427-432.
6) 須磨靖徳 (1987). 最新分離機能膜, p.278, シーエムシー.

10.4　写真用フィルム，液晶ディスプレイフィルム—画像の舞台

セルローストリアセテート（以下 CTA と略記）フィルムは，写真用フィルムとして 50 年以上前に実用化された透明フィルムである．CTA フィルムは不燃性フィルムとして華々しく登場し，アニメ用，電気絶縁用，剥離用フィルムとして用途は広がった．しかしながら，ポリエチレンテレフタレート（PET）などの合成ポリマーフィルムが出現するに従い，コスト，力学強度の点で使われなくなり，主要な用途としては写真フィルムのみが生き残った．この他，偏光に対する光学的不活性（複屈折が小さい）の優位性を生かし，偏光板保護フィルムとしては細々とながら独占的に使用されてきた．CTA フィルムの将来を再び明るくしたのは，フラットパネルディスプレイ分野において液晶ディスプレイ（liquid crystal display : LCD）が主流になり，偏光板の使用量がいちじるしく増大したことがある．次に，LCD の視野角を拡大したり，着色をなくしたりするために，CTA フィルム上の塗布層で複屈折をコントロールした光学補償フィルムが非常に有効なことがわかり，大きな市場が見込まれてきたことがある．以下，CTA のポリマーとしての構造的・物性的特徴を踏まえ，写真用フィルム，液晶ディスプレイ用フィルムとしての応用について述べる．

1) 写真用フィルムと CTA の構造・物性

写真用フィルムに要求される基本的な性質は，① 透明性，② 平面性，③ 適度な強度（引張強さ，弾性率，引裂強度），④ カールしない，⑤ 寸法安定性（温度，湿度），⑥ 化学的に安定で写真性に無影響，⑦ 難燃性などがあげられる．とくにガラス転移点（Tg）の低いフィルムは，カールが付きやすく解消は困難で，写真製品の品質をいちじるしく損なうが，CTA はその適度な吸水性によって，現像処理時にカールを回復し平滑性を取り戻す特徴（カール回復性）を示す．

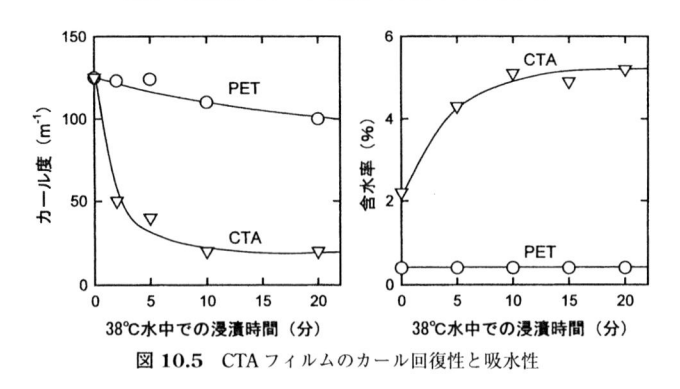

図 10.5 CTAフィルムのカール回復性と吸水性

(図10.5)（品川ら，1997）．

フィルム中のCTA結晶サイズは，たかだか10数本分の分子鎖の集合体に過ぎないが，この微結晶は分子鎖の架橋点として作用し，力学強度に大きな影響を与える．CTAフィルムはメチレンクロライドを主成分とする混合溶媒溶液を金属支持体上に流延して得られる（村山，1998）．流延時の延伸や収縮によっていったん生じた配向は，力学的性能に大きな影響を及ぼす．CTAフィルムは溶融製膜できないが，これはCTAのTgが約120℃付近に認められる一方，Tmは不明瞭で融解よりも先に熱分解が始まる（DSC分析）ためである．

一方，アセチル基の存在により，配向しても複屈折はきわめて小さいため，CTAが光学的に等方なフィルムとして得られやすく，偏光板保護フィルムとして応用される最大の理由となっている．

表10.2に代表的な感材用および液晶ディスプレイ用透明フィルムの特性とその構造を示す．

CTAフィルムは，映画用フィルムやマイクロフィルムといった分野では，保存性や映写時に要求される強度の観点からすでにPETフィルムに，新写真システムの薄手化要求による高剛性と巻き癖改良の両立ではA-PENフィルムに置き換わりつつあり（品川ら，1997），残された一般用カラーネガ/リバーサルフィルムの分野が，CTAフィルムの主要用途となっている．

2）液晶ディスプレイフィルム

偏光板は，延伸ポリビニルアルコール（PVA）にヨウ素や染料を吸着させて偏光性を付与して作製される．しかし，PVA自体がもろいこと，ヨウ素の揮散によってその品質を損なうため，保護フィルムでサンドイッチした構造を必要とす

表10.2 光学フィルムの物性値

	全光透過率 (T%)	ヘーズ (%)	retardation* R_e (nm)	R_{th} (nm)	屈折率	備考
CTA	93	0.1	8	45	1.48	
A-PET	87	1.6	−0.6	96	1.58	
O-PET	89	—	—	>50	1.63	
PETG	90	0.5	—	—	—	
ARTON	92	0.6	2	—	1.51	脆性
ZEONEX	91	0.3	1	—	1.53	脆性
PMMA	93	0.3	1	—	1.49	脆性

＊retardation は（複屈折）×（膜厚）であり，i 方向の屈折率 n_i と膜厚 d (nm) を用いて以下のように定義する $(d:80\mu)$；
R_e；（正面）：$(n_x - n_y) \times d$
R_{th}；（厚み）：$\{(n_x + n_y)/2 - n_z\} \times d$

る．この保護フィルムには高い透明性と低い屈折率さらには低コストが要求され，CTA フィルムが長年用いられてきている．

そして近年，偏光板の最大用途は LCD である．ここで要求されるのは光学的等方性，異物の少ないこと，そして高い平面性も重要な品質となっている．そして，これらの特性は感光材料用支持体で培った溶液製膜による高品質 CTA フィルムの製造技術によって達成できたものである．CTA 以外にも，近年表10.2 に示すような光学材料が開発されているが，それぞれ一長一短があり，CTA の特性には及ばないのが実状である（品川ら，1997）．偏光性を利用した LCD は，これからますます発展する分野であり，CTA フィルムが今後とも使用されると予測される．

最後に視野角拡大フィルムについて述べる．現在，カラー LCD では TN-TFT 方式が主流となっている．これはツイステッドネマティック（twisted nematic : TN）液晶モードと，アクティブマトリックスの画素駆動方式である薄層トランジスタ（thin-film transistor : TFT）方式を組み合わせたものである．TN は旋光を利用して黒白表示（ON/OFF）する点で，他の方式（複屈折値の変化による）に比べ着色を生じないことがカラー化に有利であり，また TFT は大画面化，高コントラスト，早い応答性といった厳しい要求に対し有利であったため，TN-

TFTがカラーLCDの主流の位置を占めるに至った．しかしこの方式においても，正面方向以外では着色や反転を生じることが問題となり，種々の視野角拡大方法が提案されてきている．

近年，富士フイルムは視野角拡大フィルム（ワイドビューWVフィルム®）を発表，発売した．これはTFT-LCDの視野角特性をフィルムの積層だけで改善するものであり，偏光板保護フィルム製造技術と，光学制御素材設計とそれを塗布によって実現した点で，フィルム，塗布，光学素材設計技術を生かしたものといえる．このフィルムにも，CTAが透明性，平滑性を併せもち，さらには精密な光学異方性の付与が可能なことから採用されている（森ら，2002）．

セルロースエステルは「環境に優しい」天然素材由来であり，古くから使われながら，リサイクルの観点を含め時代にマッチした素材といえる．そしてそのフィルムは，①光学特性，②力学物性，③低コストといった優位性を武器に種々の分野で用いられてきた．今回述べた，(a) 感光材料用支持体としては「カール回復性」，(b) 偏光板保護フィルム，LCD光学補償フィルムとしては「光学的等方性」といった特徴から，これらを生かし，特に(b)の分野では，液晶需要の増大とともに大きな成長が期待され，さらなる発展・改良をめざした開発研究が必要と考えられる．

〔村山雅彦〕

文　献

1) 森　裕行，他（2002）．月刊ディスプレイ，8(8)：20.
2) 村山雅彦（1998）．*Cellulose Commun.*, 5(2)：101.
3) 品川幸雄，他（1997）．富士フイルム研究報告，No. 42：59，富士写真フイルム（株）．

10.5　食品および化粧品の中のセルロース

食品添加物の定義は食品衛生法によれば，「食品の製造の過程においてまたは食品の加工若しくは保存の目的で，食品に添加，混和，浸潤その他の方法によって使用する物」であり，セルロースやその誘導体も広く使われている．表10.3にセルロース系添加物の分類を示す．天然系添加物は，化合物を経ないで（加水分解以外の化学反応を受けないで）得られた添加物であり，セルロース系添加物のほとんどが天然系添加物に位置づけられる．ビスコース原液や銅アンモニア原液から得られた再生セルロースも化学組成は同じセルロースだが，どちらも誘導

表 10.3 セルロース系添加物の分類

天然系添加物	既存添加物	微結晶セルロース 微小繊維状セルロース 粉末セルロース 粉末パルプ
	一般飲食物添加物	サツマイモセルロース トウモロコシセルロース 海藻セルロース ナタデココ
化学的合成品		カルボキシメチルセルロース メチルセルロース

体や錯体といった化合物を経ているので，天然系添加物ではない．また再生セルロースは化学的合成品としても登録されていないので現状では食品添加物として使用できない．一般飲食物添加物とは一般的には食品として飲食されるものであるが，食品の加工（機能付与）もしくは保存の目的で使用されるものをいう．たとえばイチゴジュースやお茶は飲料であるが着色を目的で使用されれば食品添加物となる．以前は，天然系添加物は届出さえすれば使用できたが，平成 7 年の食品衛生法改正により，原則的にすべての添加物に指定制度が適用されるようになった．化学的合成品の添加物としてはカルボキシメチルセルロースとメチルセルロースが認められている．ここで代表的セルロース系添加物の製法と用途を概説する．

　微結晶セルロースは，パルプを鉱酸で加水分解し粉末状にしたものでセルロース系添加物では最も一般的に使用されている．用途はアイスクリーム，ホイッピングクリーム，ココア飲料，スープ，ジャム，ドレッシング，冷凍食品など多岐にわたっている．これは微結晶セルロースのもつ乳化・懸濁安定性や保形成，保水性を利用している．乳化・懸濁安定性の発現は微結晶セルロースが網目構造を形成し網目部分に油成分や固形分を保持するためとしているが，セルロースは本質的に親水性領域と疎水性領域をもっているため，いわゆる固体の界面活性剤として乳化安定性を発現させているのかもしれない．微結晶セルロースは $10\,\mu m$ から $100\,\mu m$ の大きさの不定形粉末であるが，湿潤状態での粉砕により容易に微細化される．人間の味覚細胞が認知するのは $3\,\mu m$ までとされており，これ以下に微細化すると滑らかでクリーミーな舌ざわりとなる．見かけや食感も，水分率 90% 程度でホイッピングクリーム状，水分率 80% 程度ではラード状となる．こ

の性質を利用して，完全ノンカロリーな油脂代替食材として開発が進められている．またセルロースは加熱に対して安定なため，油/水型エマルジョンでは不可能であった耐熱食品などの商品展開も可能となる．

微小繊維状セルロースは，パルプをマントンゴーリンホモジナイザー™などの高圧ホモジナイザーでミクロフィブリル化し得られたもので，米ITTレオニア社により開発された．微結晶セルロースと違い繊維状なのでスラリーの粘度が高くゲル状・糊状を呈しており，増粘剤，ゲル化剤，糊料，安定剤として使われている．

粉末セルロースは濾過助剤として清酒，ぶどう酒，しょうゆ，食用油などを製造する濾過工程で，粉末パルプはガムベースとしてチューインガム，ビスケット，パンなどに使用されている．この他，セルロースとデンプンが分子分散に近い状態でブレンドされた天然物系添加物も知られている．この添加物はミクロンオーダーの孔をもつ繊維状多孔体であり，保水・保油性，形態保持性にすぐれている．またデンプンが50％以上含有されているため，微細化しなくてもざらつき感はなく食感は良好である．保水・保油性が高いため食品のドリップを押さえ，食品にジューシー感を付与する．また繊維状であるため，あたかも繊維で強化された樹脂のように食品の強度や弾性が向上し，ころも類の破壊，煮沸処理時の食品の形くずれや崩壊を防止する．

カルボキシメチルセルロースやメチルセルロースは増粘剤や糊料として使用されているが，化学合成品のため添加量が食品に対して2％以下になるよう使用制限されている．

化粧品用途へは食品以上に多くのセルロース誘導体が使用されている．化粧品の品質の確保を目的に昭和42年に制定された化粧品原料基準（平成13年より化粧品基準に統合）にはメチルセルロース，エチルセルロース，カルボキシメチルセルロース，ヒドロキシエチルセルロース，ヒドロキシプロピルセルロースなど多くのセルロースエーテル類が記載されている．用途は増粘剤，エマルションの分散保護剤，整髪化粧品・口紅・マニキュアなどの皮膜形成剤などである．新しい流れとして非溶解系のゲル，たとえば11.13節に記載の透明セルロースゲルが注目されている．これまでの誘導体は溶解しているので必然的に曳糸性（糸引き感）があるが，透明セルロースゲルは曳糸性がまったくなく，むしろさらさらしている．この他，微結晶セルロースやセルロースアセテートの粒子はファンデー

ション類に用いられている.　　　　　　　　　　　　　　　　〔山根千弘〕

10.6　才色兼備なセルロース系プラスチック

　植物体の骨格をなすセルロースには，グルコース単位のC2，C3，C6位の炭素に水酸基が存在する．この水酸基をエステル化またはエーテル化することにより，機能を有するセルロース誘導体に変化させることができる．これのセルロース誘導体に数々の可塑剤を添加することにより，優れた成形性が付与されセルロース系の熱可塑性プラスチックとして有用されている．この歴史は古く，1869年米国のHyattによって，ニトロセルロースが主成分である'セルロイド'の発明が，成形材料として工業化された最初のセルロース系プラスチックで，プラスチックの成形加工のルーツでもある．現在商業的に生産されているセルロース系プラスチックは，主としてエステル系のニトロセルロース（NC），セルロースアセテート（CA）および混合エステルのセルロースアセテートプロピオネート（CAP），セルロースアセテートブチレート（CAB），エーテル系ではエチルセルロース（EC）である．セルロース系プラスチックは優れた成形加工性を有し，光学特性，生分解性，生体適合性，安全性など今日重要なキーワードを有する機能性プラスチックとして再認識されている（表10.4）．

1）主なセルロース系プラスチックスの種類と特徴

　主な特徴としては，高い透明性を有し，透明色から不透明色と自由に着色が可能で，色調が豊かで，かつ艶，光沢がすぐれ，高度なデザイン要求に応える成形品を創出することができる．

　ⅰ）セルロースエステル系プラスチック　　NCに難燃性を付与する目的で，CAおよび混合エステルのCAP，CABが開発された．CAは置換度3のセルローストリアセテート（CTA）と水酸基を一部残したセルロースジアセテート（CDA）がある．置換度2.4前後のCDAがすぐれた成形性をもち成形材として広く使用されている．一方，CAP，CABはセルロイド，CDAに比べ比重，吸水性が低く寸法安定性にすぐれた特長がある．セルロースエステル系の共通した特徴として，耐衝撃性が高く鋭角な破面が生じない安全性，クラックが発生しない強靭な機械的特性，切削加工性，接着性などに合わせ，高い周波の吸音特性を有している．また成形品をアルカリ水溶液に浸漬することによって，深い層にわたっ

表10.4 セルロース系プラスチックの性質と用途

性質	単位	セルロイド	CDA	CAP	CAB	EC
比重	—	1.40	1.26	1.20	1.19	1.13
引張強さ	MPa	50	70	31.7	40	60
伸び	%	40	40	45	60	30
曲げ強さ	MPa	41	33	41	46	
曲げ弾性率	MPa	1400	1300	1400	1400	
アイゾット衝撃強さ 23℃(−40℃)(ノッチ付き)	J/m	270	235 (59)	416 (107)	240 (96)	220
ロックウエル硬度	—	R95〜115	R49〜120	R25〜110	R59〜110	R70〜110
熱変形温度 (0.455MPa)	℃	65〜75	54〜76	61〜83	73〜83	90
吸水率	重量%	1.5	2.2〜2.7	1.4	1.5	1.0
線膨張係数	mm/mm・℃	$12-16\times10^{-5}$	$8-16\times10^{-5}$	$12-19\times10^{-5}$	$11-16\times10^{-5}$	$10-14\times10^{-5}$
比熱	cal/g/℃	0.33〜0.38	0.37〜0.42	0.3〜0.4	0.41	0.32〜0.46
屈折率		1.5	1.49	1.48	1.48	1.47
成形収縮率	%		0.4〜0.6	0.4〜0.6	0.4〜0.6	0.4〜0.6
主な用途		卓球ボール ギターピック めがね枠 ゴルフクラブ ソケット ラッカー基材	工具の把手 めがね枠 印材 装飾品 鍵盤 メンディングテープ	歯ブラシ ケース,トレイ ゴーグル めがね枠 パッケージ 筆記具	テンプレート 屋外看板 銘板 型紙 ゲージ	機器部品 電気部品 防錆被覆 徐芳剤基材

て鹸化される．その結果，表面状態の平滑性を損なうことなく，親水性の高い皮膜を形成することができ防曇性など特異な機能を付与することができる．

置換度の低いセルロースアセテートは生分解性能をもっているが (Simon et al., 1998)，生分解性プラスチックの中では生分解性が最も遅い部類で，実用的分解速度を高めるために，押出機のせん断力を使ったリアクティブプロセッシングにより，ラクトンのような生分解性能をもったグラフト鎖を共重合するなどの試みが行われている．

ⅱ) セルロースエーテル系プラスチック　　市販されているECはエーテル置換度が2.3〜2.6で，セルロース系プラスチックスの中では，比重，屈折率とも最も低く耐光性，耐水性，耐湿性および電気絶縁性にすぐれている．機械部品をはじめ，広範囲な溶剤に溶解することから，ラッカー，ワニスとして用いられている．

表10.4にセルロース系プラスチックの性質と用途を示す（石井，1961；プラ

スチック読本編集委員会他，2002）．

2）可塑剤の種類（村井，1973）

セルロース誘導体は，加熱すると分解をおこすが，これに可塑剤を加えることにより，成形加工操作を容易にすることができる．適した可塑剤の種類と量を選択することにより強靭性，硬度，柔軟性，耐水生，耐油性，難燃性などの特性を付与される．可塑化効率がよく，柔軟性の良好なフタル酸，アジピン酸，セバシン酸などの脂肪酸エステル系，安定化助剤としても機能するエポキシ系，難燃性の高いリン酸エステル系などが使用される．さらに，高性能を付加する可塑剤として分子量が高く揮発，移行，抽出しにくいポリエステル系がある．一方可塑剤の選択にあたっては，フタル酸エステル系をはじめ，可塑剤の環境ホルモン問題などが指摘され，環境，安全に対する考慮も重要である． 〔大西雅也〕

文　献

1) 石井俊夫（1961）．繊維素系樹脂，pp. 3-4, 日刊工業新聞．
2) 村井孝一（1973）．可塑剤とその理論と応用，pp. 673-692, 幸書房．
3) プラスチック読本編集委員会他（2002）．プラスチック読本（第19版），p. 195, プラスチック・エージ．
4) Simon, J. *et al.*（1998）．*Polymer Degradation and Stability*, 59：107-115．

10.7　セルロース系コーティング用原料の特性

塗料やインキ用途に使用されるコーティング用原料としてのセルロース誘導体は2つの必要条件がある．1つは，コーティング用各種溶剤との溶解性ともう1つは，コーティング用各種樹脂との相溶性である．十分条件として，顔料分散性と速乾性がある．ニトロセルロースは塗料用途としての必要十分条件を備えている．

塗料やインキ用セルロース系原料は有機溶剤可溶型と水可溶型のセルロース誘導体に大別される．有機溶剤可溶型のセルロース誘導体として，セルロースエステルである工業用ニトロセルロース（NC），セルロースアセテートブチレート（CAB）が代表的である．また，水可溶型のセルロース誘導体として，セルロースエーテルであるメチルセルロース（MC）やカルボキシメチルエーテル（CMC）が代表的である．

水可溶型のセルロース誘導体は，主に水溶性塗料や水分散性塗料はの増粘性や

10.7 セルロース系コーティング用原料の特性

表 10.5 セルロース系塗料原料の特性比較

	製品例	溶剤溶解性	樹脂相溶性	顔料分散性	速乾性
有機溶剤可溶型セルロース誘導体	NC	◎	◎	◎	◎
	CAB	△	△	△	◎
水可溶型セルロース誘導体	MC	×	×	×	×
	CMC	×	×	×	×

タレ防止性を賦与する特殊添加剤として使用される．一方，有機溶剤可溶型のセルロース誘導体は，ラッカー（透明塗料）やエナメル（着色塗料）として，汎用的に使用される．とくに，ニトロセルロースは安価で，各種溶剤に溶解しやすく，顔料分散性や速乾性が優れ，また，塗膜光沢と強度が優れているので，塗料やインク用途に，主流の塗料原料として使用される．しかし，耐光性や熱変色性が要求される塗料には，高価であるがセルロースアセテートブチレートが使用される．表 10.5 にセルロース系塗料原料の特性比較を示す．

現在でも塗料原料の主流である工業用ニトロセルロース（以下，NC という）を中心に，その特性と応用について述べる．

1）工業用製法

ⅰ）**エステル化反応**　ニトロエステル化はパルプを濃硝酸と濃硫酸からなる過剰の混酸中で，反応初期化から終了の間，不均一系で反応が進む．混酸比（硝酸/硫酸/水）により，硝化度が変わる．窒素含有量が 10.7〜12.0％ の NC が塗料用途に使用される．

一方，アセチル・ブチリルエステル化は濃硫酸存在下で，無水酢酸と無水酪酸を反応させる．反応初期化から終了の間，不均一系で反応が進む．無水酢酸と無水酪酸との比より，A（アセチル）B（ブチリル）置換度が変わる．アセチル基含有量として 30〜2％，ブチリル基含有量として 17〜53％，の CAB が製造されている．塗料用にはブチリル基含有量が高いものが使用される．

ⅱ）**エーテル化反応**　MC または CMC はパルプを NAOH 存在下で，塩化メチルまたはモノクロル酢酸を反応せる．メトキシ基置換度として，1.4〜1.9 の MC が製造されている．また，置換度が 0.5〜1.6 の CMC が製造されている．

2）工業用ニトロセルロース

ⅰ）**溶剤溶解性**　塗料用セルロース誘導体として，単独で使用されたり，他のポリマーと混合されて使用されるので，溶剤溶解性とポリマー溶解性が良好で

あることは重要である．工業用ニトロセルロース（NC）は広い範囲の溶剤が使用できるので，各種のポリマーとの相溶性が達成できる．

NC窒素含有量により溶剤に対する溶解性やポリマー相溶性が異なる．窒素含有量の多いタイプは酢酸エチル，ブチル，アミルなどのエステル系溶剤やMEK，MIBKなどのケトン系溶剤に対する溶解性が良好である．一方，窒素分の少ないタイプはメタノール，エタノールなどのアルコール系溶剤にも溶解する．

NCに使用される溶剤は，良溶剤，助溶剤，希釈剤の3種類に分類される．たとえば，NCラッカー中の混合溶剤の蒸発速度が適正でないと，塗膜表面白化や塗膜内部白化が起こり，塗膜の光沢を失ったり，平滑な塗膜が得られない．塗膜表面白化は蒸発速度が早すぎるため，空気中の水分が塗膜表面に凝縮し，ポリマー成分を析出させる現象で，塗膜内部白化は低沸点の良溶剤が先に蒸発することによる，ポリマー成分を相分離させる現象である．適当な蒸発速度を有する混合溶剤あるいは可塑剤の利用が大切である．

ⅱ）応用例　NCは，各種の樹脂を主剤して，機能性添加剤として幅広い塗料用途で使用される．代表的な樹脂の例として，エポキシ樹脂，アクリル樹脂，アルキド樹脂，アミノ樹脂，ウレタン樹脂などがある．

表10.6にNC単独，あるいは上記樹脂と組み合わせた応用例を示す．

表10.6　工業用ニトロセルロース（NC）の応用例

			コーディング用途			
塗料	自動車補修用塗料	ソリッドカラー メタリックベース	印刷インキ	グラビアインキ		特殊グラビアインキ フレキソインキ スクリーンインキ
	木工用塗料	トップクリヤー サンディングシーラー	紙塗工	オーバープリントワニス ブッククロス		
	金属用塗料					
	プラスチック用塗料		機能性塗料	磁性塗料 蛍光体塗料		
	皮革用塗料	溶剤型塗料 ラッカーエマルジョン	その他	バックコート		ビデオテープ コンパクトディスク マニキュア セル引き
	鉛筆用	溶剤型塗料 ラッカーエマルジョン				

iii) 応用上の注意　NCは人の健康上，無害である．一方，硝酸エステル基が分子内酸化剤の役割をするので，絶対に乾燥させてはならない．乾燥された場合には，燃焼の危険性があり，さらに摩擦や衝撃が加わると爆燃につながるからである．消防法第5類自己反応性物質に分類されている．この法を遵守して取り扱えば，安全が確保される．

　NCの優れたカーボンブラック分散性を利用し，その塗膜の強靭性や耐熱性を生かした先端的な応用として，超高速でバックアップできるコンピューター・バックアップテープ（DDS-デジタル・データ・ストレージやDLT-デジタル・リニアー・テープ）などのバック・コートがある．また，プリペイド・カード用途では，偽造防止のために表裏多層構造にするラミネート特性，磁気記録層での磁性粉の分散，薄い基材ポリエステルフィルムに剛性を賦与するためニトロセルロースが使用されている．

　今後，地球環境保全の視点から，世界的にVOC（volatile organic compounds）規制が法令化されてきている．有機溶剤可溶型ニトロセルロースやセルロースアセテートブチレートの固有の諸特性を継承した高固形分化できる新規セルロース誘導体の開発や水希釈型ニトロセルロースやセルロースアセテートブチレートの提案もある．

　バイオマスとして再生可能なセルロース原料から製造されるエステル系セルロース誘導体はリサイクルしやすい．地球環境にやさしい塗料用原料として，先駆的な応用分野でリヴァイヴァルすることを期待している．　　　　　　　〔野村忠範〕

文　献

1) "Encyclopedia of Polymer Science and Engineering", vol. 3, p. 139, vol. 3, 1985
2) "Nitrocellulose Composition and Process for Production thereof", USP4483714
3) 旭化成工業（株），公開技術報告書
　　「硝化綿時報」，No. 1（1953.12.1）～No. 149（1978.3.1）
　　「塗料原料時報」，No. 150（1978.12.1）～No. 161（1982.9.1）
　　「コーティング時報」，No.162（1984.3）～No. 211（1998.10）
4) "Cellulose Communication", **5**(2), p. 105, 1998
5) 「コンバーティック」pp. 1-4, Apr. 1999
6) 野村忠範，他（2000）．セルロースの事典（セルロース学会編），pp. 462-491, 朝倉書店．

10.8　タバコのフィルターは酢酸セルロース

現在タバコといえばフィルター付きタバコが一般的であるが，1953年に米国（Broun & Williamson 社）のVICEROYが登場して以来，フィルター付きタバコは消費者の支持を得て世界中に拡まっていった．日本では1957年に当時の日本専売公社（現在のJT）から発売されたHOPEがフィルター付きタバコの第1号である．現在では一部の銘柄を除きほとんどのタバコのフィルターに酢酸セルロースのフィルターが使用されている．

フィルターの素材としては酢酸セルロース以外に，紙・レーヨン・ポリプロピレン繊維なども実用化されているが生産性・タバコの喫味・コストの面から酢酸セルロースの使用が世界的に主流となっている．

タバコフィルターに求められる機能として以下の項目が挙げられる．
1) ニコチン・タールを濾過し喫味をマイルドにする
2) 刺激性物質の選択的除去による喫味の向上
3) 発ガン性物質の濾過による安全性の向上

フィルター素材としての酢酸セルロースは次のような特徴をもつ．
a) 適度な吸湿性をもちニコチン・タールを喫味を損なうことなく吸収することが可能．
b) 繊維どうしの接着に適当な可塑剤（グリセロールトリアセテート）があり高速（1分間におよそたばこ 30,000 本分のフィルター）での製造が可能である．
c) タバコ煙から人体に有害とされるフェノール類を選択的に吸着する．

タバコのフィルターは，酢酸セルローストウから製造される．ここでトウとは繊維製品の一形態を指し，連続した単繊維が集束重畳されている状態のものをいう．

酢酸セルローストウは，パルプを出発点に酢化（アセチル化），乾式紡糸，捲縮，乾燥の工程を経て製造される．

はじめに主原料であるパルプに酢酸と無水酢酸および触媒を用いセルロース中の水酸基をアセチル化して酢酸セルロースフレークを製造する．次に酢酸セルロースフレークをアセトンに溶解し，酸化チタンを加えて均一な溶解液（ドープ）を調製する．得られたドープは微細な異物・ゲルを取り除くため，濾過器を通し

紡糸工程に送られる．紡糸機ではノズル口金から押し出されたドープが熱風によりアセトンが蒸発されフィラメント状に硬化・乾燥し糸になる．ここで用いられるノズル口金には，通常 0.03 mm～0.1 mm の大きさの孔が数百個あけられており目的に応じて使い分けられる．通常タバコフィルターに使用される単糸の断面形状はアルファベットの Y 型をしており正三角形の口金孔から製造される．紡糸機から出た糸は仕上げ油剤を付与され繊維束として捲縮機に送られる．一般にタバコフィルターには 2 d（デニール）から 8 d の太さの単繊維を 3,000 本から 20,000 本まとめたトウが使用される．デニールとは化学繊維などを取引きする場合に用いられる単位であり 9,000 m 当たりの重量グラム数を意味する．捲縮機に送られた繊維束は機械的な外力を与えられ捲縮（波形のちぢれ）がかけられる．捲縮をかけることにより凝集力が与えられ 1 本 1 本の繊維が 1 つのトウバンドとしてまとめられる．最後に乾燥機に投入され水分量が一定になるよう調湿され，圧縮・梱包され製品として出荷される．

　フィルターロッドは巻上機を用い次のような工程を経て製造される．

　　　トウ処理（開繊）→可塑剤（グリセロールトリアセテート）添加→成形

　トウ処理工程では，束ねられ凝集されたトウは風圧および 2 対（または 3 対）のロールで挟み込まれ捲縮を適度に引き伸ばされる．開繊されたトウは可塑剤を添着され，巻管部に送り込まれ巻取紙により円柱状に成形されフィルターロッドとなる．これを適度な長さに切断しタバコ製造機に供給する．

　嫌煙権運動の高まり・肺ガン患者によるタバコ会社訴訟などタバコに対する世間の評価は決して高いとはいえない．しかしながら一方では発展途上国を中心にタバコのフィルター化率は現在も伸張しており，ニコチン・タール量の低減に寄与するなど酢酸セルロースの需要は逼迫している．新規添加物などによるフィルターの高機能化も研究されており今後も酢酸セルローストウは必要不可欠な素材であり続けるであろう．

〔濱野浩光〕

10.9　人工腎臓用中空糸

　人工腎臓は，体内諸酵素系の代謝産物などを，血液中から膜を介して，拡散や濾過作用により除去するものであり，アメリカの Abel によりはじめて提案され

た．その後，オランダの Kolff によるコイル型人工腎臓（1945 年），ノルウェーの Kiil によるキール型人工腎臓（1960 年），Stewart による中空糸型人工腎臓（1964 年）へと発展した．国内では 1974 年に旭化成（株）が中空糸型人工腎臓の製造・販売を開始した．人工腎臓用の中空糸は，内径 200 μm，膜の厚さ 20 μm 前後の微小ストロー状チューブであり，これを数千本束ねて総膜面積約 $1\,m^2$ の人工腎臓モジュールとしている．血液はストローの内側を通過することから，中空糸膜は平面状の膜に対して，充填に必要な血液量が少ないこと，内部抵抗が少ないこと，血流の分布に斑が少ないことなどの利点があり，今日ほとんどの人工腎臓用膜に使用されている．当初，素材は再性セルロースだけであったが，その後ポリメチルメタクリレート（PMMA），エチレン―ビニルアルコール共重合体（EVAL），アクリロニトリル共重合体（PAN），芳香族ポリスルホン（PS）などの合成高分子系素材が現れてきた．慢性透析患者数は国内 16 万人（1996 年）おり年々増加している．世界全体では 66 万人にものぼるといわれており，人工腎臓は人類史上もっとも貢献度の高い人工臓器といえよう．

セルロース系膜は，銅アンモニア溶液から得られた再生セルロース膜，セルロースの水酸基をアセチル化した誘導体のセルロースアセテート膜がある．セルロース膜として最も一般的な，ビスコース溶液から得たセロファンは Kolff らにより 1965 年ごろまで広く使用されていたが，硫黄化合物の膜内の残留や除去性能が不十分なことなどから現在では使用されていない．再生セルロース膜はセルロース/銅アンモニア溶液を二重円筒の紡糸ノズルからカセイソーダ水溶液などの非溶媒中に吐出して凝固させ，ついで再生，精錬，そして乾燥し巻き取られる．この方法は液体中で構造形成されるので湿式法と呼ばれている．一方セルロースアセテート膜は二重円筒ノズルから溶液を気体中に吐出して，溶媒を揮発させながら凝固して得る．構造形成が溶媒の揮発，いわゆる乾燥過程で行われるので乾式法と呼ばれている．いずれの方法もストローの中空部を確保し真円性を保つため紡糸ノズルの中心部から，窒素などの気体や非凝固性の液体をセルロース溶液と同時に吐出している．再生セルロースは人工腎臓素材として最も臨床経験が長く，改良も重ねられてきたことから，安心感が高く，総合的に最もバランスの取れた素材といえる．セルロースアセテートは，再生セルロースに比べ，中分子量物質の除去性や後で述べる生体適合性に優れる．

人工腎臓に要求される基本的機能は，除去性能と生体適合性である．血液から

除去すべき物質は当初は尿素，尿酸やクレアチニンなどの低分子物質であったが，最近は分子量 10,000 程度の中分子量物質も除去対象物質となってきた．長期透析にともなう合併症の原因が低分子量タンパクであることがわかってきたからである．特に，1986 年に β2-ミクログロブリン (MG) が透析アミロイドーシスの原因物質と報告されて以来，膜孔径の大きないわゆるハイパフォーマンスメンブレンの開発が加速化されている．ここでむずかしいのは有用な血漿タンパクである分子量 67,000 のアルブミンの損失を防止しながら分子量 11,000 の β2-MG を積極的に除去しなければならないことであり，ハイパフォーマンスメンブレンには単に孔の大きさだけではなく，シャープな分画性能が要求される．

除去性能に並んで人工腎臓に要求される機能は生体適合性である．血液が異物と接触するとさまざまな生体反応が引き起こされるが，特に問題なのは透析初期に白血球が急減するロイコペニアと補体の活性化である．再生セルロース膜の生体適合性改良方法として，アルキルエーテル鎖をセルロース表面にわずかにグラフトさせることが知られている．

再生セルロース膜は豊富な臨床経験と総合的なバランスのよさから，最近までトップシェアーであった（1996 年占有率 38%）．ところが，1999 年には 12% まで低下し，PS 膜に逆転された．2002 年度の PS 膜の占有率は 30% を越えるといわれている．これは PS などの合成高分子膜は素材間のブレンドや共重合などが可能で，膜の化学的性質や構造を制御できる幅が広いため，人工腎臓の抱える諸課題への対応が容易なためであろう．再生セルロース膜も物質透過特性を大幅に改良した対称グラジエント構造の膜や表面改質による生体適合性膜が出現しており，より安全で快適な透析治療に今まで以上に寄与できるものと期待している．

〔山根千弘〕

10.10 CMC の不思議な世界

カルボキシメチルセルロースナトリウム塩（CMC）は，最も生産量の多い水溶性セルロース誘導体で，存在は非常に身近であるがその不思議の根源については案外知られていない．セルロースより合成される CMC は，表 10.7 のセルロースの特性を引継ぎあるいは克服することによって，多彩でユニークな機能を設

表10.7 セルロースの特性とCMCの特性・機能設計,応用例・応用分野

セルロースの特性	利用方法	CMCの特性・機能設計	応用例・応用分野
天然セルロース原料	引継ぐ	生分解性,安全性	医薬,食品,土木
水酸基が多く反応性に富む	克服	置換基導入法のコントロールで用途に応じた機能設計	乳酸菌飲料,歯磨き,繊維壁材,など
結晶構造と不均一反応	克服	反応方法の革新,置換基分布コントロール	捺染,土木,など

表10.8 CMCの用途と機能

用途	CMCの機能
食品	乳酸菌飲料,フルーツ牛乳,ポリジュースなど.酸性領域での乳タン白粒子を分散安定化させ凝集分離を防止.
化粧品,医薬	歯磨き,X線造影剤,パップ剤など.増粘・賦型剤,懸濁液の分散安定剤,保水性.
洗剤	懸濁作用で,洗濯物(木綿)への再汚染防止.
土木	地中連続壁工法,シールド工法,石油ボーリングなど.掘削壁の崩壊防止,掘削土の輸送.
水産	ハマチ,タイなどの養魚用飼料に粘結剤として使用.生餌ミンチと配合飼料をペレット状に成形,給餌効率の向上と海洋汚染防止.
捺染	木綿,ポリエステル布の染色糊.染料に流動性を付与し,均一に鮮明に移行させる.
経糸	皮膜形成性.経糸の柔軟性,伸展性,屈曲性,強度の向上.
建材	繊維壁材,合板接着剤など.流動性を付与し作業性改善.
窯業	釉薬(瓦,衛生陶器),耐火煉瓦など.釉薬成分の均一分散.
製紙	紙の表面サイズ剤,コーティングカラー保水剤に使用.トイレ清掃用水解紙,紙力強度と水離解性を両立.
ゴム	ゴム離型剤,型からの容易な剥離.ラテックスの増粘剤.
農薬	農薬の乳化分散剤および展着剤,造粒剤.
電池	二次電池陰極用バインダー,ゲル化剤.
その他	猫砂,段ボール糊の硼砂代替,放射線架橋ゲル(医療用マット),土壌リサイクル処理剤 保冷剤,塗料,紙粘土,溶接棒,練炭・豆炭,消火剤,肥料バインダー

計できるようになっている.生理的にも無害で安全性が高く生分解性もあるCMCは,表10.8に示す多岐の用途で利用されている.

CMCの製造法の特徴は固液不均一反応で,使用する反応溶媒により水媒法と溶媒法に大別される.国内では1945年に水媒法で工業生産が開始されたが,モノクロル酢酸(MCA)の利用率が低い(約45〜55%)問題から,1960年以降は利用率の高い(約70〜85%)溶媒法への転換が進んだ.現在は,イソプロピルアルコール溶媒法を採用したCMCメーカーが国内の主流となっており,2001年度は約2万トンの出荷量となっている.CMCは,市場ニーズの拡大と要求機

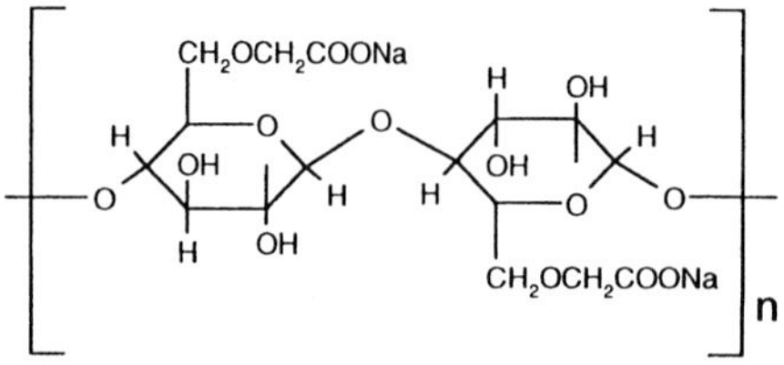

図 10.6 CMC の構造例

表 10.9 置換基分布の均一性と CMC 機能の傾向（用途例）

機能	置換基分布の均一性	
	より均一	より不均一
	② グルコース生成量，少ない ③ 移動度分布 ΔU，小さい	② グルコース生成量，多い ③ 移動度分布 ΔU，大きい
耐塩水性，耐腐敗性， 耐アルカリ性，耐酸性	良好［土木安定液，捺染］	—
分散・安定化，乳化	良好［乳酸菌飲料，X 線造影剤，土木］	—
粘性挙動，流動特性	ニュートニアン流動，曳糸性（高）	チクソトロピー性，構造粘性［繊維壁］，賦型性，曳糸性（低）［練り歯磨き］

能の高度化により CMC の品質・機能の改善は進み，置換度（DS）が 0.6〜1.6 の市販品に加え，DS が 2.0 以上（理論上の上限は置換度 3）の CMC も工業生産されている．

　CMC は不均一反応により工業生産されているため，CMC の機能は原料セルロース種，反応条件，反応設備からも大きく影響を受ける．CMC の機能は置換基分布と関連があり，同じ平均 DS の CMC でも次の②③の分布が異なると，CMC 機能の傾向が大きく異なることが明らかになっている（田口ら，1995）（表 10.9）．

　置換基分布：① グルコース環内の分布（NMR（核磁気共鳴）法で評価），② 1 セルロース分子鎖内の分布（セルラーゼ分解でのグルコース生成量で評価），③ セルロース分子鎖間での組成分布（電気泳動法による移動度分布 ΔU で評価）．

　DS を上げ CMC の機能向上を狙う場合，MCA を単に増量するだけでは，アルカリが比例して増加し反応の均一性が損なわれるため，目標とする品質・機能は達成できない．

セルロース−OH + NaOH/H_2O ⟶ セルロース−O^- + Na^+

ClCH$_2$COOH（MCA）＋過剰 NaOH/H$_2$O ⟶ ClCH$_2$COONa＋過剰 NaOH/H$_2$O
セルロース－O$^-$＋ClCH$_2$COONa ⟶ セルロース－O－CH$_2$COONa（CMC）＋Cl$^-$

　この問題の解決と置換基分布をより均一にする反応方法として，初期添加のアルカリ（NaOH）を過剰に加えないようにし，エーテル化反応の進行で NaOH が不足する前に2段目の NaOH を多段添加して行なう方法が実用化されている（大宮，1985；田口ら，1995）．　　　　　　　　　　　　　　　　〔中村洋之〕

文　献

1) 大宮武夫（1985）．高分子加工，**34**(12)：589-594.
2) 田口篤志，他（1995）．*Cellulose Commun.*, **2**：29-32.

10.11　生体に安全な医薬用材料

　セルロース誘導体類は，安全性ならびに機能について評価された上で，日本薬局方や医薬品添加物規格に収載され，コーティング剤，崩壊剤，結合材，賦形剤として医薬品の製剤化において利用されている．以下，医薬材料として使用されるセルロース誘導体について記述する．

1）コーティング剤としての応用

　医薬用錠剤や顆粒剤は，セルロース誘導体でコーティングが行われ，溶解性を調節することで，副作用の防止や苦みの隠蔽を図ったり，吸湿防止による有効性の維持を行うことがある．このコーティングには大きくわけて2種類があり，1つは胃での薬効をはかる胃溶性のコーティングであり，もう1つは胃では溶解性せず腸で溶ける腸溶性のコーティングである．

　胃溶性のコーティング剤としては，ヒドロキシプロピルメチルセルロース（HPMC）が主に使われている．初期には有機溶媒に溶解してコーティングが行われていたが，最近では水系での HPMC のコーティングに移行してきている．コーティングは，錠剤や顆粒剤を流動させながらコーティング剤を溶媒に溶かした溶液をスプレーして乾燥する手法が一般にとられている．

　腸溶性のコーティング剤は強酸性の胃の中で崩壊することなく通過し，6前後である腸内の pH で溶解する特性をもつ．いずれも分子内のカルボキシル基の解離特性に基づいた pH 依存溶解性を示すものが用いられている．セルロース誘導体ではセルロースアセテートフタレート（CAP），ヒドロキシプロピルメチルセ

ルロースフタレート（HPMCP），ヒドロキシプロピルメチルセルロースアセテートサクシネート（HPMCAS），カルボキシメチルエチルセルロース（CMEC）がある．

2）崩壊剤への応用

崩壊剤は体内で医薬品が有効に働くために錠剤，顆粒剤などを崩壊するために用いられるもので，体内で急速な薬効を必要とする場合に用いられる．セルロース誘導体としては微結晶セルロース（MCC），低置換度ヒドロキシプロピルセルロース（L-HPC），カルボキシメチルセルロース（CMC），カルボキシメチルセルロースカルシウム，架橋カルボキシメチルセルロースナトリウム（cl-CMC-Na）が用いられている．これらの崩壊剤は水に溶解せず膨潤する機能を有している．

3）結合剤としての応用

結合剤は粉末医薬品を顆粒にしたり，錠剤を得るために適当な粒度にするために用いられるもので，セルロース誘導体では，ヒドロキシプロピルセルロース（HPC）が主に用いられている．その他のセルロース誘導体としてはヒドロキシプロピルメチルセルロース（HPMC），メチルセルロース（MC），カルボキシメチルセルロースナトリウム（CMC-Na）などの水溶性セルロース誘導体が使われている．これらの結合剤は一般に水を溶剤とする場合に使用されるが，水による薬物の分解がさけられない場合では有機溶剤が使用されることもある．また水や熱に不安定な医薬品では，散剤や顆粒剤の調製においては，ローラーや打錠機で成型した後，粉砕して粒状に成型・調粒する手法がとられたり，錠剤においては，直打法が用いられたりする．この方法では結合を目的に微結晶セルロースが用いられたり低置換度ヒドロキシプロピルセルロース（L-HPC）が用いられたりする．

4）賦形剤としての応用

賦形剤は，さまざまな薬剤を，その微量な服用量にあわせて均一に分割したり，投与時の飲みやすさや取り扱いしやすさを改良するために錠剤や顆粒剤に添加されるもので，各種澱粉や乳糖の他に微結晶セルロースが用いられる．錠剤の製造方法には，直接粉末圧縮法（直打法）と顆粒圧縮法（間接圧縮法）がある．

〔早川和久〕

文　献

1) 恩田吉朗, 他（2000）．セルロースの事典（セルロース学会編），p.485，朝倉書店．

10.12 光学異性体分離—分子の右手と左手を見分けるセルロース

光学異性体のレビューから始めよう．分子の中には，これを鏡に映したときできる像（これを鏡像と呼ぶ）と，元の像とを重ね合わせることのできないものがある．このような分子の性質を，右手と左手になぞらえてキラル（掌のような）であるといい，元の分子に対し，その鏡像にあたる分子を光学異性体と呼ぶ．たとえば，炭素原子の（四面体の頂点の方向に伸びた）4個の単結合に，4種の異なった原子あるいは原子団が結合した分子はキラルであり，光学異性体が存在する．一例として乳酸の光学異性体を図 10.7 に示した．一般に L-乳酸と呼ばれる左側の分子をいろいろに回して，D-乳酸とよばれる右側の分子と重ねることができるか試してほしい．

光学異性体の間では，融点や沸点など，ほとんどの性質がまったく等しい．そのため，ともすれば両者の違いが過少評価されがちである．しかし，これらが別の光学異性体分子の一方と相互作用するとき，歴然とした違いが現れる．これは同じようにキラルな性質をもった右ネジのオネジと左ネジのオネジにたとえると理解しやすい．これらはまったく同じ重さ，太さ，ピッチであっても，右ネジのメネジにはまるオネジは右ネジの方だけである．このようなキラルな分子の間の相互作用をジアステレオメリック相互作用と呼ぶ．似たような関係は身の回りに意外に多く見つかるものである．たとえば手と手袋，ハサミ，ゴルフのクラブ，等々．普通の右打ち用クラブを左打ちで使ったらどうなるか想像してほしい．

さて，生物の体は多くのキラルな分子，それもほとんどが主に一方の光学異性体から成り立っている．たとえばタンパク質は L-アミノ酸より成り，栄養源となるブドウ糖は D-体である．そのため，一見同じ構造に見えても，光学異性体が生体に及ぼす作用は異なっている．味，香り，そしてとくに重要なのは医薬品である．かつては多くの医薬品が，合成が容易な光学異性体の等量混合物（ラセミ体）として利用された．しかし，研究が進むにつれて，光学異性体間の生理作用の違いが想像以上に大きいことが明らかになってきた．その一例が，妊娠中の母親が服用した時に子供の四肢に異常が生じて，大き

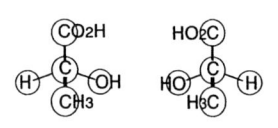

図 10.7 乳酸の光学異性体双方を互いに重ね合わせることはできない．左が動物体内に普遍的に存在する L-乳酸．乳酸醗酵で生じるのは両方の混合物である．（便宜上，真中の炭素に結合した4つの基をすべて同じくらいのサイズの球形に描いているが，もちろん正確ではない．）

い社会問題となった催眠剤，サリドマイドである．その後に行われたハツカネズミでの動物実験では，光学異性体の一方だけがこの副作用を示した（最近実験結果の見直しも行われている）．こうした事例に鑑みて，最近ではキラルな医薬品は本当に有効な一方の光学異性体のみを用いることが原則とされている．しかし，このことは医薬の開発に当たって，光学異性体を分離する，あるいは作り分けるという難題を課することになった．

ところで，ごく最近，光学異性体が混ざっている割合を分析し，あるいはそれぞれを分離することが，液体クロマトグラフィーという技術を用いて簡単にできるようになった．しかし，そこでセルロースが大活躍していることはあまり知られていない．

セルロースは，ブドウ糖が規則的につながってできた高分子であるが，そのブドウ糖はD-体と呼ばれる一方の光学異性体のみからできている．したがって，光学異性体分子に対しては相互作用の仕方，強さが異なる．先に述べたジアステレオメリック相互作用である．1950年代，日本や他の国でほぼ同時に，セルロースに対する分子の吸着を利用するペーパークロマトグラフィーにおいて，アミノ酸の光学異性体が分離することが発見された．それから30年後，筆者らは医薬品などの分子と効果的な相互作用ができるように，セルロースにさまざまな原子団を結合した吸着剤を開発した．すなわちセルローストリアセテートから出発して，さらに芳香族環との相互作用を強め，また剛直な構造によってセルロースのもつ立体構造の特徴をより大きい空間に拡張することを意図して，ベンゾエート，フェニルカルバメートとし，さらにこれらのベンゼン環の立体的あるいは電子的な性質を変えるため，メチルや塩素などの置換基を導入した．現在商品として用いられているのはセルロース誘導体7種，アミロース誘導体2種である（図10.8）．

セルロースを原料としたこれら吸着分離剤の利点は，
① 非常に多くの化合物の光学異性体を分離できること，
② 安定で長期使用に耐えること，
③ 比較的多量に，しかも安価に製造できること

などである．これらの特徴を生かして，15～25 cm の小型カラム（吸着剤を詰めた管）によって光学異性体の混合比を分析し，また大型カラムを用いて大量の光学異性体を分離し，医薬品の開発や製造に利用できるようになった．これによっ

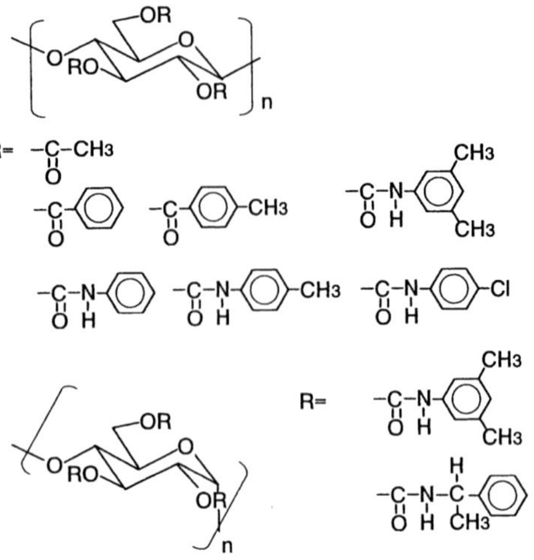

図10.8 現在市販されている光学異性体分離カラムに用いられている種々の誘導体
上はセルロース，下はアミロースの各誘導体．

て，医薬品の開発や光学異性体の一方のみを合成する研究は格段に加速した．現在では，同様な分離を目的とするカラムが多種類市販されているが，日本で開発されたセルロース，アミロース系の製品が世界中で圧倒的に多く使われている．

〔柴田　徹〕

文　献

1) Okamoto, Y. *et al.* (1998). *Angew Chem. Int. Ed.*, **37**：1020-1043.
2) Okamoto, I. *et al.* (1992). *Nippon Kagaku Kaishi*, 133-138.
3) Okamoto, T. *et al.* (1986). *J. Liq. Chromatogr.*, **9**, 313-340.

10.13　情報メディアと紙

　紙は，「書く（write）」「包む（wrap）」「拭く（wipe）」という3Wの機能をもっている．人間は2000年以上前から「記録する」材料として紙を使用してきた．15世紀半ばにグーテンベルグが活版印刷術を完成してから，記録材料としての紙の重要性が急速に増加していき，需要の拡大とともに大量生産への道が開かれていった．

　図10.9には，日本の広告費に占める各情報メディアの構成比を示す．2001年の広告費に占める紙の割合は約43％であり，テレビ，ラジオといった電波関連

メディア，展示・映像，屋外，交通，インターネットなどに比べてかなり大きい．15年前の1986年における紙の割合が約44％であったことから，情報化社会のめまぐるしい変化の中でも情報メディアとしての紙の占める地位が依然として揺るぎないものであるといえよう．しかしながら，紙関連メディアの中では，折込やDM（ダイレクトメール）がやや増加し，新聞の割合が減少しているという変化もある．

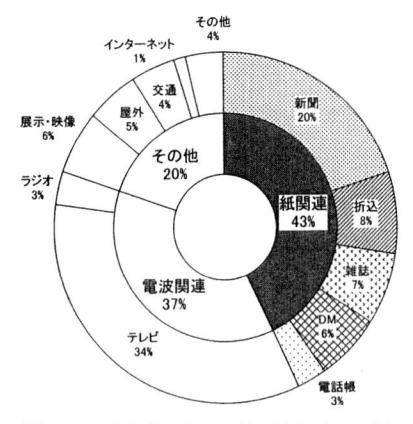

図 **10.9** 広告費に占める紙の地位（2001年）

　昨今の情報化社会の進展に伴って人間が自ら「書く」ことは比較的少なくなってきたが，コピー機，パソコンのプリンタ，ファクシミリといった数多くの情報出力装置が個人のデスクや家庭にまで設置されたことによって，紙が「記録する」ための媒体としてさらに大きな役割を果たすようになっている．新しい情報の入出力装置の開発に伴って，これらに対応する情報用紙も開発されてきた．日本における情報用紙の生産量は167万トン（2001年）に達しているが，中でもPPC用紙は過去10年間に生産量が46万トン（1991年）から78万トン（2001年）にまで増加している．

　情報用紙は，統計上，複写原紙，感光紙用紙，フォーム用紙，PPC用紙，情報記録紙，その他情報用紙に分類されている．情報の出力装置の方から情報用紙を大別すると，紙の表面に何らかの力を加えて印字するインパクトタイプ，力を加えることなく印字するノンインパクトタイプに分類される．裏カーボン紙やノンカーボン紙など力を加えて紙自体に発色させる複写原紙，コンピュータの出力に用いられ，インクリボンを通して打点されることによって印字されるフォーム用紙の一部などがインパクトタイプに該当する．

　一方，ノンインパクトタイプには，コピー機に使用され，トナーを転写して熱溶融することによって印字するPPC用紙，ファクシミリやプリンタの一部に使用され，熱によって紙に塗布された薬品を熱によって発色して印字される感熱記録紙，微細なインキ滴を紙表面に噴射させて印字するインクジェット用紙，フィルムに塗布した熱溶融性インキを熱によって紙に転写して印字する熱転写用紙，

紙に塗布した薬品を光によって発色させて印字する感光紙用紙などがある．このほか，コンピュータの入力装置に用いられる OCR（optical character reader）用紙，OMR（optical mark reader）用紙，MICR（magnetic ink character reader）用紙などがある．

いずれの情報用紙もそれぞれの情報機器，用途に合わせて製造され，必要な特性が付与されている．たとえば，PPC用紙は，回転ドラムに帯電した粉末のトナーを付着させ，紙表面に移してから熱溶融するため，紙表面の電気的な性質が必要となる．さらに，高温でトナーが定着され，高速でコピー機中を通紙されるため，紙の寸法安定性，カール，走行性，耐候性などの性質も重要となる．最近，普及してきたインクジェット用紙は，水溶性の微細なインキ滴が紙表面に噴射されるため，微小時間内のインキの吸収，定着が不可欠となる．印字されたインキドットの形状や耐水性も重要な性質となっている．このような性質をコントロールするためには，薬品の使用もさることながら，紙の原料であるパルプ繊維の性質も考慮しなければならないのはいうまでもない． 〔岡山隆之〕

10.14 環境にやさしい紙容器

1）再生可能な資源

包装材料には，紙，プラスチック，金属，ガラスなどさまざまな材質が使われているが，紙以外の材料は石油や鉱物を原料とし，それらは有限の資源である．一方，紙は，新たに生み出すことが可能な資源である植物（パルプ）を原料にしている．したがって，資源の消費という点からは，紙は優れた包装材料であるといえる．

紙の多くは針葉樹や広葉樹の木材パルプを原料とし，包装材料に使用される紙は主に針葉樹のパルプを原料としている．しかし，樹木以外の植物からも紙を作ることができる．それらの紙は非木材紙と呼ばれ，和紙もその一種であるが，最近ではケナフ（アオイ科フヨウ属の一年草）やバガス（サトウキビの搾りカス）などを原料とした非木材紙が包装材料として使用されはじめている．樹木は生育が遅く，森林保全の目的からも，今後，非木材紙の紙容器への利用が広まる可能性がある．

2) 代替容器としての紙容器

　包装材料は，商品を包むことで流通・保存・消費における利便性を高めているが，商品を取り出したあとは不要となり，ほとんどがゴミとして廃棄される．そのため，重量，容積ともに一般廃棄物の多くを包装材料が占めている．ゴミの総量を減らすためには，廃棄される包装材料の重量と容積をともに減らす必要があり，従来品よりも軽い包装容器や，廃棄時に容易につぶせて，容積を小さくできる包装容器が多く開発されている．そして，それらの包装容器の開発に紙が大いに貢献している．

　紙は，他の包装材料に比べて軽く，容器にしたときにつぶしやすい（折りたたむことができる）という特長を有している．このような紙の特長を活かして，他の包装材料の代替となる紙容器が多く開発されている（中川，2002）．そのような紙容器を使用することで，廃棄時のゴミの重量と容積の両方を大幅に減らすことができる．ガラスビンの代替である牛乳パックや酒パックなどの飲料用紙パックがその代表例であり，最近では金属缶の代替としても使用されている．さらに，金属缶と同じ円筒状をした飲料用紙容器も開発されている．

　また，プラスチックの袋やトレーに入った商品は，商品の保護や陳列効果のために，紙容器に入れられている例が多いが，紙容器をそのまま商品の包装容器として使用できるようにするため，牛乳パックなどと同様，液体入りの食品にも使用できる完全密封性の紙トレーが開発されている．

　このように包装材料を紙化することで，ゴミの総量を減らすことが可能であり，今後，さらに新しい紙容器が開発されることが期待される．

3) 紙容器のリサイクル

　ゴミとしての紙容器は，リサイクルできる資源ゴミである点では金属缶やガラスビンと同じである．しかし，段ボールでは約75％がリサイクルされているが，牛乳パックは約18％にすぎず（中川，2002），他の紙容器はほとんどリサイクルされていない．その点で，リサイクル率の高い金属缶やガラスビンに比べて，紙容器のリサイクルは遅れている．酒パックなど，中身の保存のためにアルミ箔が使用されている紙容器はリサイクルできないが，近年，アルミ箔を使用しないでも同じ保存性を有し，牛乳パックと同様にリサイクルできる紙容器が開発されており，今後のリサイクル率の向上が期待できる．

　さらに，紙をリサイクルしやすくするため，プラスチック製の袋と紙容器や段

ボールを組み合わせた包装容器も開発されており，使用後はプラスチックと紙を容易に分離できるようになっている．

　紙容器が本当に「環境にやさしい」といわれるためには，段ボールや牛乳パック以外の紙容器もリサイクルされるようになり，紙容器全体のリサイクル率をもっと向上させる必要があるのではないだろうか． 〔中川善博〕

文　献

1) 中川善博（2002）．印刷学会誌，**39**(1)：16．

10.15　プリント基板の秘密

　近年の電子機器の高性能化・低価格化には目覚ましいものがあり，この発展に大きく寄与している要素技術としてプリント配線板が挙げられる．このプリント配線板の素材として使用されている各種基板材料においても，近年の進展はいちじるしくその果たす役割もますます重要になってきている．そこで，各種銅張積層板の種類と主な用途について，図 10.10 に示す．プリント配線板には，家電向けなどの片面回路板からコンピュータ向けなどの数十層超多層回路板まで，多種多様の基板があるため，銅張積層板もそれぞれの目的用途に応じて使用されている．基材に紙を用いた紙フェノール銅張積層板は，加工性，量産性および経済性

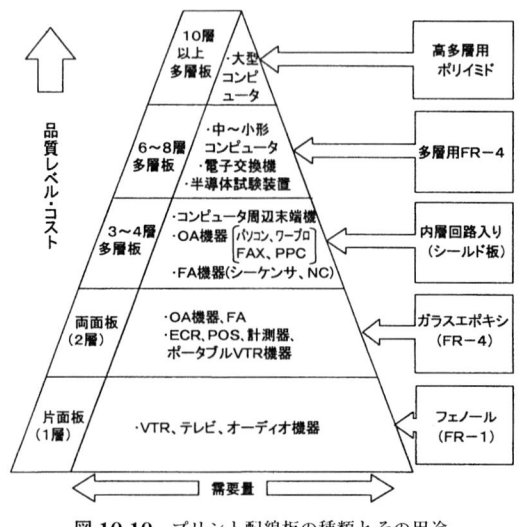

図 10.10　プリント配線板の種類とその用途

に優れていることを活かし，TV，VTRなどの民生用電子機器をはじめ，CRT，OA機器などの産業用電子機器まで幅広い分野で多量に使用されている．しかしながら，近年の高機能化，低価格化といった市場要求に対して，紙フェノール銅張積層板は環境問題にも配慮し，高密度化，高生産性，高付加価値化，低コスト化などがキーワードとして開発が進められている．プリント配線板での高機能化，低価格化要求に対応した紙フェノール銅張積層板の一つとして，銀スルーホール対応紙フェノール銅張積層板が挙げられる．一方，地球的規模での環境対策意識の高まりから，ハロゲン系難燃剤，アンチモン化合物の使用しないハロゲンフリー難燃材料とともに，電子部品接続に使用されているはんだの鉛フリー化の動きがいちじるしく，基板材料としては高耐熱化が要求されている．

1）銀スルーホール対応紙フェノール銅張積層板

銀スルーホール対応紙フェノール銅張積層板は，電子機器の小型軽量化，多機能化が進展する中，プリント配線板の高密度化，低価格化を両立させ得るものとして，従来ガラスエポキシ系銅張積層板などが使用されていた領域まで用途が拡大されている．銀スルーホール法は貫通穴に銀ペーストを埋めて表裏回路の導通を可能としたものであり，量産性に優れ低コスト化が達成できる．しかしながら，従来の紙フェノール銅張積層板では，銀マイグレーション（図10.11）による回路間短絡が発生するため，高い耐銀マイグレーション性が要求されるようになった．これに対して銀マイグレーションの発生メカニズムが電解伝導であることにより，耐湿性を向上させるとともにイオン含有率を低減させることが必要である．この技術開発には銀スルーホール用紙基材の開発が重要なポイントになっ

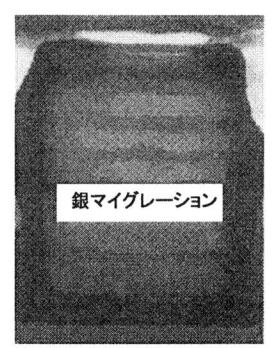

図10.11 銀スルーホール配線板の断面図

た．紙基材には，従来に比べイオン性不純物量を低減させ，高耐湿性を得るためにフェノール樹脂がパルプ繊維の中まで，より含浸しやすいことが要求された．また，積層板製造技術に関しては，新規な含浸技術，高含浸用フェノール樹脂の合成技術および含浸性評価技術が確立されている．これらの技術の開発により，銀スルーホール対応紙フェノール銅張積層板が開発され，業界標準に至っている．

> **マイグレーション**　移行現象のこと．高湿度条件下で長時間スルーホールや回路に電圧を印加し続けると，金属がイオン化し電位差により移行，ついには短絡（ショート）を引き起こす現象．紙フェノール銅張積層板の銀スルーホールで発生しやすく，プリント回路の信頼性をいちじるしく低下させる．

2）環境対応紙フェノール銅張積層板

プリント配線板を廃棄処分するにあたって，焼却処分の場合，積層板に含まれるハロゲン系難燃剤がダイオキシンなどの有害物質の発生原因になること，および埋立処分の場合に，プリント配線板からのアンチモン，鉛などの有害金属化合物や化学物質が溶出し土壌を汚染することが問題視されている．特にハロゲン系難燃剤，アンチモン化合物，鉛の使用については法的規制の動きがある．ハロゲン，アンチモンフリー紙フェノール銅張積層板（FR-1）は，分子設計の最適化，配合処方の検討により開発されている．一方，現在実用化が始まった鉛フリーはんだは，融点温度が現行のはんだに比べ高くなることから，紙フェノール銅張積層板は高い耐熱性が要求される．従来の紙フェノール銅張積層板では，リフローはんだ付けを行う際，基板の温度が250℃以上になった場合，基材ふくれが発生する．これは，プリント板の吸湿による水分と樹脂および紙基材の熱分解により発生するガスが起因する．このための高耐熱紙基材の選定が重要なポイントになった．紙基材には，従来に比べ熱分解開始温度が高く，熱分解量の少ないことが要求された．また，積層板製造技術に関しては，高耐熱用フェノール樹脂の合成技術が確立されている．これらにより，鉛フリーはんだリフローに対応できる紙フェノール銅張積層板（FR-1）が上市されている．

今後も環境対応，高密度化対応しながら民生でも使用可能なコストを有する紙フェノール銅張積層板の重要な役割は続いていく． 〔八木茂幸〕

10.16 セルロースはリサイクル

　セルロースの最大の用途は,「紙」である．紙はパルプ繊維を主体とするシート状の集合体として広く利用されている．紙はどのような植物繊維からでも製造できるが，入手のしやすさ，貯蔵のしやすさ，繊維の性質，パルプ化における収率などの点から，原料には主として木材繊維が使われている．さらに，紙は地球上の資源の多くが有限である中で，永続的に生産可能な植物資源から製造できると同時に，再生可能な資源であるという大きな利点をもっている．

　セルロースの構成単位であるグルコースには，水酸基（-OH基）があるが，この水酸基はとなりの水酸基と水素結合を作りやすい．水の中にセルロースでできたパルプ繊維が分散していると水も水酸基をもっているために水を介在して繊維と繊維との間に緩い結合が生まれている．ここで，乾燥処理などによって繊維間にある水が蒸発によってなくなると，開裂していたパルプ繊維壁中のラメラどうしが引き寄せられて空隙が潰れ，繊維間に強い結合ができる．その結果，パルプ繊維が相互に接着され，紙に強さが生まれる．

　それでは，なぜ紙はリサイクルできるのだろうか．水が侵入することによって膨潤したパルプ繊維が乾燥すると，水が除去され，開裂していたラメラどうしが引き寄せられてある程度空隙がなくなる．ここで，再び湿潤させると水が侵入して繊維壁が膨潤し，繊維間結合がまた元のような繊維—水—繊維の関係になり，繊維間結合は切断されたことになる．これが，紙を水に浸けると，パルプ繊維1本1本にバラバラにほぐすことができる理由であり，古紙の再生原理である．

　パルプ繊維は一度乾燥すると，再び湿潤して膨潤させても，繊維壁中のラメラ間隙は減少し，完全には元に戻らず潰れたままになるところが多い．また，乾燥，湿潤のリサイクルを繰り返すとリサイクル時の脱水によってセルロースのフィブリル間には不可逆的な水素結合が形成されることになる．

　木材繊維壁中のリグニン・ヘミセルロース充填構造は，化学パルプ化の過程で除去され，パルプ繊維壁にはラメラ構造が現れる．通常，リサイクル前のパルプ繊維壁には層状に亀裂が生じるデラミネーションがわずかに観察されるものの，損傷は見られない．しかし，リサイクルが繰り返されると，パルプ繊維壁中の一次壁（S_1層）と二次壁（S_2層）の境界面でS_1層の分離が生じた後，S_1層がさらに分割され，S_1層の円筒状構造が崩壊する．結果的に，繊維表面のフィブリルが

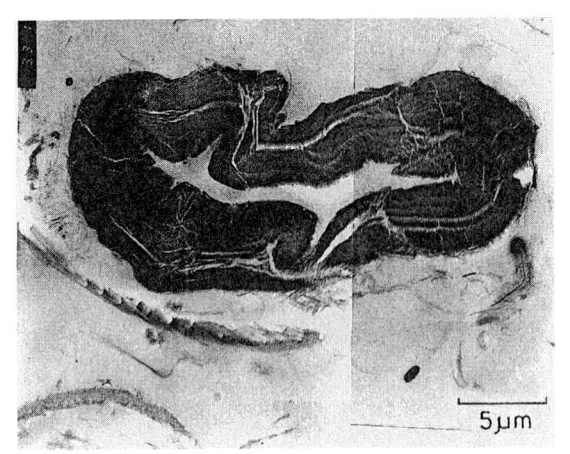

図 10.12 3回リサイクルしたパルプ繊維の横断面写真

減少し,硬直な S_2 層が繊維の外部表面に露出するようになる.さらに,デラミネーション現象が S_2 層内に多数生じる.リサイクルが重なっていくと,S_2 層のデラミネーションの増加とともに放射方向にも亀裂を生じるようになる(図10.12).

したがって,パルプ繊維壁はリサイクルによって S_2 層が膨潤,収縮をくり返し,微視的には細かい細孔の少ない緻密なマトリックス構造を作るが,一方では,緻密化によってマトリックス内に引きつれ現象を生じ,巨視的には繊維内に層状の亀裂が生じるデラミネーションや放射方向にも亀裂を発生することになる.同時に,繊維壁の外縁部に当たる S_1 層の剥離と,その内側の S_2 層の露出が生じ,それまで形成されていた繊維間結合の崩壊を引き起こすことになる.さらに,二次壁の剥離などにより繊維の破片も生成し,微細繊維の増加につながる.

また,リサイクル繊維は膨潤性と柔軟性が乏しくなっているので,繊維間結合を形成しにくい状態にある.その結果,化学パルプにおいては,紙の密度や,引張強さをはじめとする紙の強度の大幅な低下がもたらされる.一方,サーモメカニカルパルプなどの機械パルプの場合には,元の紙の強度が比較的小さいことやリグニンなどセルロース以外の成分が多く残存しているのでリサイクルによる紙の強度低下はほとんどない. 〔岡山隆之〕

11. 期待のセルロース

11.1 セルロース分子をみる

　高分解能電子顕微鏡の分解能は炭素間距離を解像するまでに至っているが，有機物ではどうか？

　結晶に電子線が照射されると，電子線は散乱され特定の方向に回折波が生ずる．これが，結像面で透過波と干渉することにより干渉縞が形成され，縞の間隔が回折した格子面間隔に相当するために格子像と呼ばれる高分解能像が結像される．回折波の強度は縞のコントラストに大きく影響するが，有機結晶の場合は試料損傷のためにわずかな電子線照射で強度が減衰する．そこで，電子線照射量を抑えるために，撮影倍率や観察方法などが検討され，セルロースやキチンの結晶から格子像が得られるようになった．この方法は低電子線量電子顕微鏡法（low-dose electron microscopy）と呼ばれることもある．

　得られる画像は，結像に用いる電子の数（1オングストロームあたり約3個の電子）が限られているためにノイズが高い．その一例を図11.1Aに示す（Sugiyama et al., 1984）．格子縞はセルロースミクロフィブリルの長さ方向にも，幅方向にもかなり整然と並んでおり，内部構造は一見均一にみえる．しかし最近，このような格子縞の位相を解析したところ（Imai et al., 2003），分布構造が認められた．今後，高分子結晶内部のナノスケールの分布構造の解析に有効な手法と期待される．

　表面の分子鎖が内部とは異なることは以前より予想されていたが，実際に観察するには新しい顕微鏡を必要とした．BinnigとRoherが1981年に発表し，1986年にノーベル物理学賞受賞となったトンネル顕微鏡がそれである．実は，同じ年のもう一人の受賞者は電子顕微鏡の生みの親，Ruskaであった．

　針を物質表面に原子間距離にまで近づけて，そこに流れる電流（トンネル顕微鏡），働く力（原子間力顕微鏡）を検出する．そしてフィードバック回路を通して針と物質との間の距離や力を制御しながら，物質表面上を走査する．その結果

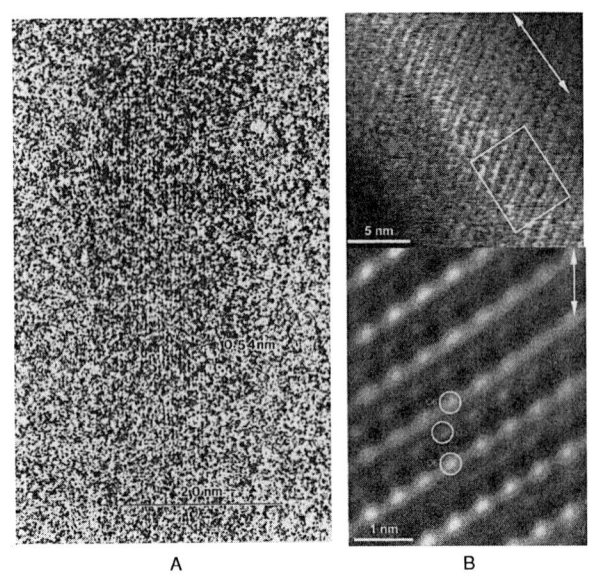

図 11.1
A：バロニアセルロースミクロフィブリルの格子像．長さ方向（図の縦方向）に 0.53 nm の格子像が観察される．
B：表面の高分解能 AFM 像（上）とフィルタリング処理により周期構造を強調した像（下）．

を画像として表示するという仕組みである．開発初期には，DNA の塩基対を基板（試料を載せるマイカ板）の原子像と誤った報告もあったらしい．

セルロースに関しては，表面の化学ポテンシャルから得た計算像と，実像を比較検討することで表面分子の可視化が検討されてきた．最近の原子間力顕微鏡による成果では，ヒドロキシルメチル基のコンホメーションが表面，内部で異なることが指摘されている．一例を図 11.1B（Baker et al., 2000）に示す．

スペクトル法で分子のスピンや結合の振動などの運動を調べることや，結晶学で回折図形から立体構造を調べることも，直接的な視覚化はともなわないが，「みる」ことに変わりなく，単なる視覚化よりも重要な知見を与えることが少なくない．今では一般に受け入れられている天然セルロースの多形に関しては，1956 年の赤外分光法に始まり，1984 年に NMR によってセルロース I_α と I_β の話として完成したわけである．このような方法は，実際の可視化を伴わないが，結果的にセルロースを「みる」上で多大な貢献をした． 〔杉山淳司〕

文献

1) Baker, A. et al.（2000）. *Biophys. J.*, **79**：1139.
2) Binnig, G. et al.（1982）. *Phys. Rev. Lett.*, **49**：57.
3) Imai, T. et al.（2003）. *Polymer*, **44**：1871.
4) Sugiyama, J. et. al.（1984）. *Mokuzai Gakkaishi*, **30**：98.

11.2 発光する？ セルロース

現在注目を集めているフラットパネルディスプレイには，液晶・EL（electroluminescence：エレクトロルミネッセンス）・プラズマディスプレイなどがある．このうち，ELとは硫化亜鉛（ZnS）蛍光体に電界を印加したときに発光する現象として1936年にフランスのDestriaulによって発見された現象である．ELは固体型薄膜のデバイスであり，ELを用いたディスプレイは小型，薄型，軽量，フレキシブル，発熱や消費電力が少ない，耐衝撃性に優れているといった特徴がある．このELを大別すると無機ELと有機ELがあり，最初に発見された無機ELは現在まで開発・研究されている．一方の有機ELは，1963年に発見され，現在の構造になったのは1989年で，現在も研究・開発が続いている．さらに有機ELは高分子材料系と低分子材料系に分けられる．

一般にELは発光層を，2枚のポリエチレンテレフタレート製フィルムで上下を挟んでいる構造をとっている（図11.2）．片面発光の場合は一方に，チタン酸バリウムやアルミニウムからなる背面電極を用いている．なお，発光層がスパッタリングで作られているものを薄膜型EL，蛍光体を塗料化して皮膜形成させているものを分散型ELと呼ぶ．実用化の際には，基本構造のままでは絶縁性や耐久性が悪いので，防湿層（三フッ化一塩化エチレンフィルムなど）や捕水槽（モイスチャー・トラッピング，ナイロン6フィルムなど）を透明電極の上に重ねている．

ELの中心となる発光層は，蛍光体とその分散媒体から構成される．蛍光体は硫化亜鉛を蛍光母体とし，微量の金属やハロゲン元素をドーピングさせ，発光色を青，青緑，緑，橙，黄，赤などに調節している．（たとえば，Cuを0.04%，Clを0.005%ドーピングすることで，青色発光体となる．）分散媒体（バインダー）

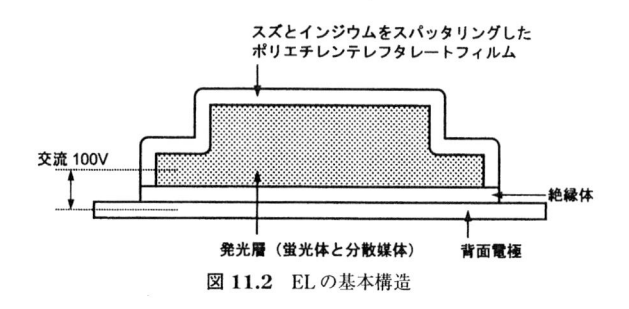

図11.2 ELの基本構造

としては，一般に誘電率（ε'）が大きく誘電正接（$\tan\delta$）が小さい有機材料が望ましいとされている．そこで，糖類やセルロースのようにピラノースリングを持つ天然高分子やポリビニルアルコールなどをシアノエチル化した誘導体が使われている．（たとえば，CEC：シアノエチルセルロース，CEHEC：シアノエチルヒドロキシエチルセルロース，CEA：シアノエチルアミロース，CEP：シアノエチルプルランなど）．

そこで，誘電率が大きい有機材料ということで，セルロースにシアノエチル基を導入した場合の誘電特性変化について考えてみよう．ヒドロキシル基はその結合モーメントが 1.51D と高く，もし電場の作用によって配向が許されれば，配向分極による誘電緩和が生じる．セルロースにおいては，グルコース残基のC2,3および6位にヒドロキシル基が存在する．C6位の一級ヒドロキシル基を考えると，C6位の炭素原子に結合する6位の酸素原子の回転が可能で，そのためヒドロキシル基の双極子は電場の作用により配向が可能である．しかし，C2および3位の炭素に結合する二級ヒドロキシル基では，酸素原子が固定されているために，立体障害によって回転配向が許されないので，誘電緩和を示さないと考えられている．

一方CN基の結合モーメントは 3.5D とヒドロキシル基に比べて高く，したがってCN基を有する高分子で，電場の作用によってCN基の配向が生じれば，その配向分極によってその高分子の誘電率は非常に大きな値を示すはずである．実際のところ，セルロースをシアノエチル化することによって，誘電率は約3倍の値を示すようになった．同様に，プルランやアミロースをシアノエチル化しても高誘電率を示す多糖を得ることができる（表 11.1）．

このようにELの分散媒体としてシアノエチルセルロースのような高誘電率の

表11.1 シアノエチル化した糖質の置換度と誘電率の例

糖質	置換度	誘電率（ε'）
セルロース*	2.23	19.10
ヒドロキシエチルセルロース*	N = 10%	19.15
アミロース**	2.41	21.31
アミロペクチン**	2.25	9.38
プルラン*	2.40	23.18
β-シクロデキストリン**	2.61	11.06

誘電率は25℃，1kHzで測定
*フィルム法にて測定　　**粉末法にて測定

多糖を用いることによって，低電圧駆動の平面発光が可能となった．（残念ながら，セルロース自体が光っているわけではない．）

〔中山榮子〕

11.3 アルカリだけで繊維をつくる

　セルロースはアルカリ水溶液に膨潤し部分的に溶解しても完全には溶解しないと長年信じられてきた．しかしセルロースの固体構造を制御することによりセルロースをカセイソーダ水溶液に高重合度かつ実用濃度で溶解させることが可能である．固体構造制御は爆砕によるセルロースの分子内水素結合の部分的な開裂やセルロースの可塑剤存在下での湿式粉砕など機械的操作で可能である．これらの操作は溶解に先立ち行われる．分子内水素結合はセルロース分子鎖を剛直にし，溶媒への溶解性を著しく低下させているが，分子内水素結合，とくに$O(3')-O(5)$の分子内水素結合を開裂させるとセルロース分子主鎖の内部回転が容易になるためか，セルロースの溶解性が向上する．図11.3に$O(3')-O(5)$の分子内水素結合の開裂度合いとカセイソーダ水溶液への溶解分率を示したが，溶解分率は分子内水素結合の開裂度合いといちじるしい相関がある（Okajima *et al.*, 1992）．

　可塑剤存在下の湿式粉砕は分子内水素結合の低下のほか，溶解技術上非常に重要な溶解速度の向上も可能である．セルロースのカセイソーダ水溶液への溶解速度はいちじるしく遅く溶解を阻害する．図11.4にさまざまな直径をもつセルロース球の，カセイソーダ水溶液への溶解分率（経時変化，静置状態）を示した

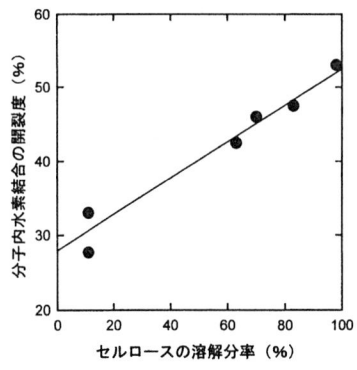

図 11.3　分子内水素結合の開裂度と溶解分率

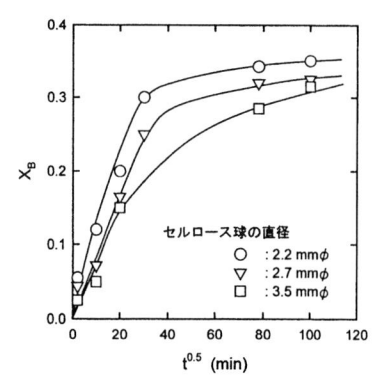

図 11.4　セルロース溶解分率 X_B と溶解時間 $\sqrt{t}$ の関係

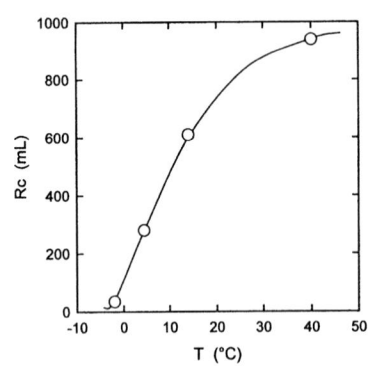

図 11.5 溶解温度 T とセルロース未溶解物量 R_c の関係

（山根ら, 1996a). 溶解初期において溶解分率は直線的に変化し拡散律速で溶解が進行しているが, 溶解後期において溶解は実質的に停止し, 10,000 分 (7 日間) たっても溶解分率は 0.35 にとどまっている. このセルロースは本質的にカセイソーダ水溶液に溶解する構造であるが, 静置状態だと溶解速度がきわめて遅いため, 見かけ上溶解しない. 溶解速度を上げるには普通温度を上げ高速・高シェアー溶解を行うが, セルロースのカセイソーダ水溶液への溶解は低温溶解型なので温度上昇は避けねばならない. 図 11.5 に溶解温度とセルロースの未溶解物量の関係を示すが, 温度が上がるにしたがい未溶解物量は増加しセルロースは溶解しなくなる. したがってセルロースのカセイソーダ水溶液への溶解の技術的なポイントは, 温度上昇を抑え溶解速度を上げることにある. ここで可塑剤存在下の湿式粉砕は非常に効果的である. 分子内水素結合の開裂のみならず, 見かけ上溶解速度がいちじるしく向上し, 高速・高シェアー溶解 (低温を保っていても局所的発熱があるためか溶解性が低く, 安定性も悪い) を行わなくても速やかに溶解は完了する. この技術により市販パルプとほぼ同じ粘度平均重合度 DPv750, セルロース濃度 5% でセルロースの溶解分率 99.9% 以上のセルロース/カセイソーダ水溶液が得られた (Yamane and Okajima, 2001). セルロース/カセイソーダ水溶液は経時的にゲル化し, 溶液の安定性に問題があったがこの技術による溶液では 1 ヵ月程度粘度変化はなかった. セルロースをカセイソーダに溶解させる試みとして, 低温で超音波を使用する方法, 結晶変換や第 3 物質の添加, アルカリで膨潤したセルロースゲルを -20℃ 以下で凍結させる方法 (Isogai and Atalla, 1995) など他にもあるが, おおむね高重合度セルロースの溶解性は悪いようである. これは溶解速度のような現象論的側面の重要性をあまり考慮しなかったためであろう.

このようにして得られたセルロース/カセイソーダ水溶液を細孔から非溶媒へ吐出し成型すると繊維が得られる. 表 11.2 に得られた繊維の構造を, 他の代表的溶解系よりで得られた繊維と比較し示した (Yamane et al., 1996b). セルロー

表 11.2 各種再生セルロース繊維の構造

溶解系	結晶化度 χc (X) (%)	結晶配向度 fc (X) (%)	分子内水素結合度 1−χam (C3) (%)
セルロース/カセイソーダ水溶液	45.5	75	42.2
ビスコース法溶解	24.3	85	31.6
銅アンモニア法溶解	40.8	90	39.1
N−メチルモルホリン	45.9	91	41.0

ス/カセイソーダ水溶液から得られた繊維（新セルロース繊維）のX線結晶化度 χc(X) は 45.5% であり，N−メチルモルホリン溶液からの繊維（有機溶剤紡糸繊維）の 45.9% に次いで高い．また，NMRから決定した分子内水素結合度 1−χam(C3) は 42.2% であり，銅アンモニア法溶解（キュプラ），ビスコース法溶解（レーヨン）より高く有機溶剤紡糸繊維（41%）に近い．モルホロジー的にはレーヨンがスキンコア構造，キュプラが3層構造をとっているのに対し，新セルロース繊維と有機溶媒紡糸繊維は均一な1層構造である．このように新セルロース繊維はキュプラやレーヨンよりむしろ有機溶剤紡糸繊維に近い固体構造を有している．セルロース/カセイソーダ水溶液や N−メチルモルホリン溶液ではセルロースは直接溶媒に溶解しており，溶解形態の同一性が繊維構造に影響している可能性がある．セルロースの銅アンモニア原液ではその溶解状態（錯体構造）を変化させると，得られる膜の構造を制御できることが最近報告されている．非晶構造については，新セルロース繊維の緩和分散ピークの帰属から，新セルロース繊維の非晶部では分子内水素結合度の高い分子シート状構造が発達しており，逆にシート間隙の分子間水素結合は未発達の可能性がある．

有機溶媒紡糸繊維と構造的に唯一異なるパラメータはX線配向度 fc(X) である．有機溶剤紡糸繊維が 91% なのに対し新セルロース繊維は最も低い 75% にすぎない．新セルロース繊維では延伸操作が困難でドラフトは1以下，延伸も 1.25 倍にすぎない．機械物性は，レーヨンとキュプラの中間の値であるが，もし高ドラフト・高延伸が可能なら，その固体構造の類似性から有機溶媒紡糸繊維並みの機械強度を有する繊維が得られるであろう．

セルロース/カセイソーダ水溶液はセルロースの溶解にカセイソーダしか使用しないために本質的に環境に優しく安全なシステムである．そのため食品分野な

どにも展開できる．現在この溶解系に，多糖などのゲスト成分を混合，分子分散させた溶液から食物繊維が市販されている．さらにこの溶解系は誘導体化工程や回収工程が不要なシンプルな設備構成なため，食品分野に限らず，繊維，フィルム，コーティングなどセルロース成形品の少量多品種生産プロセスにも適すと考えられ，さまざまな分野への展開が期待される． 〔山根千弘〕

文献

1) Isogai, A and Atalla, R. H. (1995). U. S. Pat., 5410034.
2) Okajima, K. et al. (1992). Polym. J., 24 : 71.
3) 山根千弘, 他 (1996). 繊維学会誌, 52(6) : 310.
4) Yamane, C. et al. (1996). Polym. J., 28 : 1039.
5) Yamane, C. and Okajima, K. (2001). International Patent Application, publication number, WO01/34655.

11.4 微生物が生み出すセルロース

セルロースは，高等植物により作られ，植物体を支える役割を果たしている．

一方微生物がセルロースを作ることもよく知られている．セルロースを作る微生物の種類は多様である．真菌類（カビ，酵母など）は，細胞壁の構成成分の一部としてセルロースを産生する．またバクテリアの中には細胞外にセルロースを排出する株が知られている．

1) セルロース生産菌

そのようなバクテリアの中で，*Acetobacter* 属などの酢酸菌が生産菌としてよく知られており，近年研究が盛んである．

これら研究の観点は，セルロースの生合成機構の解明，生合成にかかわる遺伝子解析，このセルロースの高次構造の解明，発酵生産，物性解明および利用研究である．

2) 酢酸菌がセルロースを作ることはどのようにして知られたか？

酢酸菌の中には，液体培地の表面に膜状のものを作るものがある．このものが，セルロースであることは英国のBrownが，1886年に報告した．一方，日本においては，古くから食酢の製造工程でセルロースを作る酢酸菌が雑菌として混入し，膜状のものを作り発酵を狂わせてしまうことが知られていた．この膜状物は，酢ゴンニャクまたは酢ウナギと呼ばれていた．フィリピンでは，酢酸菌の作

11.4 微生物が生み出すセルロース

るセルロース膜がナタデココなどと呼ばれるデザート食品として利用されている．

3) 酢酸菌によるセルロースの生産方法

セルロース生産能をもつ酢酸菌を液体培地に植え付け培養をする．培地成分は，炭素源として糖類など，窒素源としてはアミノ酸混合液，酵母エキスなどを用いる．培養は，約30℃下で行う．培養は，静置法も，振とう培養法も可能である．

静置培養法の場合，セルロースはゲル状物質として培地の表面に作られ，培養を継続すると下方に成長していく．一方振とう培養法の場合，セルロースはペレット状物，球状物として作られる．

こうして得られるゲル状物は，多量の水を含んでいてセルロース成分は乾燥重量で0.5～1%にすぎない．これを培養液から取り上げ水で洗う．次にアルカリ溶液中で加熱する．こうすることによりゲル状物の中の酢酸菌および培養液の成分を除くことができる．この洗浄操作により半透明なゲル状物を得ることができる．

4) 酢酸菌セルロースの構造

このようにして得られるゲル状物を電子顕微鏡で観察すると，セルロースを生産した酢酸菌とリボン状のセルロースが見られる（図11.6）．

また1つの細胞が，リボンを形成している様子は模式図のようである（図11.7）．酢酸菌は，細胞表層に存在するターミナルコンプレックス（セルロース

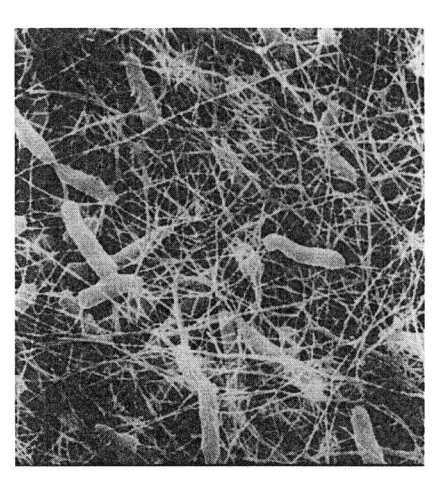

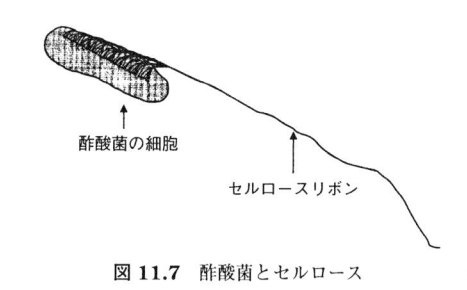

図11.6 酢酸菌と生産したセルロースリボンの電子顕微鏡写真

図11.7 酢酸菌とセルロース

を合成し，排出するサイト）からミクロフィブリルを排出し，それらが寄り集まってリボンが形成される．多数の細胞が作るリボンにより，網目のような構造が作られる．これらリボンの大きさは，幅20～50 nm であり，植物の，たとえば綿の繊維と比べるときわめて細いのが特徴である．

酢酸菌が作るセルロースは，高等植物のセルロースと化学構造は同じであるが，高次構造が異なる．植物のセルロースが，ヘミセルロース，リグニンなどと共存しているのに対して酢酸菌が作るものは，純粋なセルロースである．

このセルロースの結晶構造は，主としてセルロース I であり I_a の比率が高い．

5) 酢酸菌セルロースの生合成機構

このような酢酸菌は，糖類，有機酸類などを取り込みグルコースに変換する．グルコースは，UDP グルコース（ウリジン二リン酸グルコース）に変換される．つぎにセルロース合成酵素により UDP グルコースを基質としてセルロースが合成される．この生合成機構は，基本的には高等植物の場合と同じと考えられている．この酵素の遺伝子配列もすでに明らかになっている．

6) 本セルロースから作るシートの特徴と利用

このゲル状のセルロースを，洗浄後乾燥するとシート状物が得られる．乾燥する時は，ゲル状を硝子板に貼り付けて面を固定すると平らなシートが得られる．このシートについて物質の剛直性を示すヤング率を測定すると 16～18 GPa（ギガパスカル）という値が得られた．これを他の無配向有機物シートと比べるといちじるしく高い．さらにゲルをアルカリ溶液などで洗浄するとヤング率は，30 GPa に上昇した．

このヤング率を比重で割った値（比ヤング率）は，金属のアルミニウムのそれに匹敵する．次になぜこの酢酸菌セルロースからできたシートがこのように高いヤング率をもつか考えてみたい．

① 繊維がいちじるしく細いため（幅が 20～50 nm），シートを作る乾燥工程でリボンどうしが強く水素結合し，硬いシートができあがるため．

② リボンがシート面に平行に並ぶため面配向性が高い．シートの断面を電子顕微鏡で観察すると，厚さ 1 ミクロン以下の薄膜が何層にも重なる．

③ 酢酸菌が作ったリボンの網目構造が高いヤング率をもたらす原因と考えられる．ゲル状構造を破壊したものでシートを作ると少しヤング率が低くなることからこのように考えられる．

以上のような特性を生かしてこのシートを使った音響振動版が製品化された．ヘッドフォン，スピーカー用の音響振動版に必要とされる特性としては，音の縦波伝播速度が高く，材料の内部損失が大きいことがあげられる．この酢酸セルロースシートは，めずらしくこの両方を満たす材料である．これを用いた音響機器の音色は，自然感にすぐれていた（ソニー社）．

またこの材料を，特殊紙，医療材料用などとして利用しようという研究が行われている．

〔山中　茂〕

11.5　油田で働くセルロース

1）微生物を利用した石油増進回収技術の概要

微生物を利用した石油増進回収技術（MEOR：microbial enhanced oil recovery）は，石油の回収率を向上させる過程において微生物の代謝物あるいは微生物そのものを利用する方法であり，微生物を油層内で増殖させ，石油回収量の増加を図る技術である．微生物が生産する石油増進回収に有用な物質としては，CO_2などのガスや界面活性物質，水溶性ポリマー物質などが知られており，それぞれ，排油エネルギーの上昇，置換効率（岩石孔隙内の総油量に対する置換された油量の割合）の改善，水の易動度（岩石孔隙中における移動のしやすさ）の低下などの効果が期待されている．

2）セルロース生産微生物の利用

ⅰ）セルロース生産微生物を利用した研究概要　　筆者らは，東北大学の協調のもと，石油公団と中国石油天然気株式有限公司吉林石油分公司との間で実施した国際共同研究において，フラクチャーなどの浸透性が高く水で優先的に掃攻された領域をバイオフィルムでプラッギングし，水攻法による掃攻率（対象油層の総孔隙容積に対する圧入流体に接触した孔隙容積の割合）を改善する方法を考案した．そこで，中国吉林油田の油層岩から，通性嫌気性のセルロース生産菌を見出し，この微生物が生産するセルロースの油層内プラッギング材としての有効性をフィールドレベルで検証した（図11.8）．

ⅱ）セルロース生産微生物の適用　　筆者らはモラセス（廃糖蜜）を栄養源としてセルロースを生産する新規微生物を実験対象油層（吉林省扶余油田）の油層岩より分離し，*Enterobacter* sp. CJF-002株と命名した（特開2001-321164）．こ

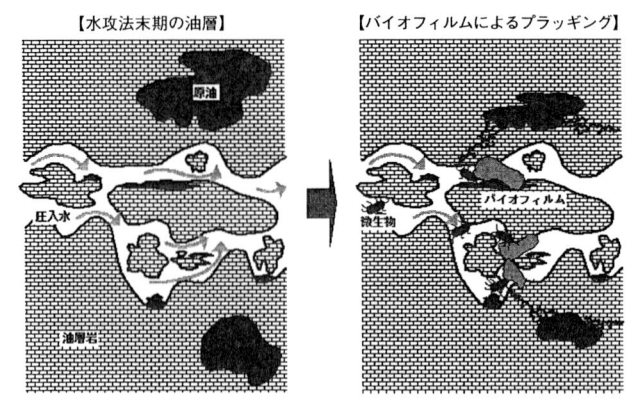

図 11.8 油層内プラッギングのメカニズム

の微生物は，下記の項目に対して優れた能力を有していることが明らかになり，本格的な回収率の向上を目指した大規模なフラッディングテストにおいて，最終的に実施前に比べ約 3 倍以上の増油効果をもたらした (Nagase, et al., 2002)．

① 下記油層環境下での優先増殖性およびセルロース生産性

　　油層常在菌の共存（藤原ら，2000），油層水 pH，油層圧力，油層温度，油層岩内などの微小孔隙環境

② 油層モデル実験（室内実験）での石油増進回収効果

　　標準砂岩を用いたコア掃攻実験における石油増進回収効果

③ 地上施設での大量増殖性

　　非滅菌モラセス培地を用いた地上施設での大量増殖性（モラセスや原水中に生息する微生物に対する優先増殖性，大量増殖性），大量培養時のセルロース生産制御

④ フィールドテストにおける各種の結果

　　この微生物の実油層内での生存性，高含水率坑井の遮水効果，高浸透性領域のプラッギング効果

また，この微生物が生産するセルロースについては，下記の物性が石油の回収率を向上に寄考するものと考えられた．

・油層内でのセルロースの分解性が低いこと（油層常在菌や CJF-002 株自身による分解）

・油層岩に対するセルロースの吸着性あるいは付着性が高いこと

本稿で紹介したセルロース生産微生物を利用した石油増進回収技術の研究は，世界で初めての試みであるが，セルロースの油層プラッギング材として有効性が示され，実用技術として確立されつつある．これまで，世界中で数多くのフィールドテストが実施されているにもかかわらず，安定的な石油増進回収効果を得るには至っていないのが実情であり，この技術は，将来的に，生産コストの高い多様な既存油田においても経済性を向上させうる技術として大いに期待される．

〔藤原和弘〕

文　献

1) 藤原和弘, 他 (2000). 石油学会誌, **43**(4)：274.
2) Nagase, K. *et al.* (2002). The SPE/DOE Thirteenth Symposium on Improved Oil Recovery, Tulsa, April 13-17, 75238.

11.6　特殊光学素子

セルロース系糖質高分子の特性の1つに液晶形成能がある（Guo *et al*, 1994；西尾ら，2000）．一般に，濃厚溶液系（リオトロピック系）あるいは無溶媒溶融系（サーモトロピック系）で液晶相を形成しうるのは，屈曲性に乏しい鎖状高分子や板状の有極性分子である．とくにそれらの分子が光学活性（キラル）であれば，液晶相は図 11.9（右）に示したようなコレステリック構造，すなわち，ネマチック分子層の主軸が連続的に回転したラセン積層構造をとりやすい．セルロース誘導体の液晶は概してこのタイプの相構造をとり，しばしば肉眼下で呈色す

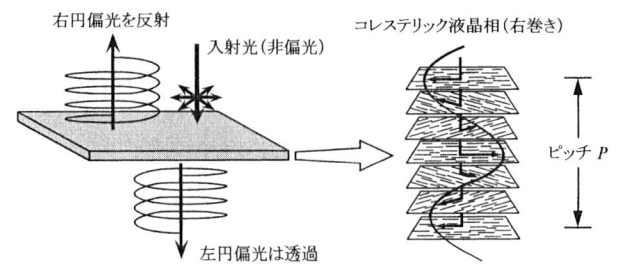

図 11.9　コレステリック液晶の周期的層状構造（右）と選択的光反射（左）

この例では，コレステリックセンスは右巻きであり，右円偏光が反射される．

る．これは，入射光の液晶媒体中での波長がラセン周期（コレステリックピッチ）に等しいとき，その光が選択的に反射されて可視化されるためである．この場合，ラセンの旋回方向（コレステリックセンス）に対応する円偏光が反射される（図11.9左）．ピッチやセンスは，セルロース側鎖の化学構造と置換度，溶媒種，濃度，温度，第3成分の共存などに依存して変化することが知られている．光波と相互作用するセルロース系液晶の機能は，波長・偏光状態を選択する光学フィルター，反射プレートなどとしての応用が可能である．

最近に至って，糖質系コレステリック高分子/イオン性粒子の共存系を対象に，低電場刺激によって液晶の呈色状態（色彩・色調）や溶液の透明度（遮光・調光性）を定温下で動的制御しうる新機構が提案された（Nishio, 1997 ; Chiba et al., 2003）．ニュータイプの情報変換・伝達システムとしての応用展開が期待される．

たとえば，セルロースのヒドロキシプロピルエーテル誘導体（HPC）の水溶液は，ポリマー濃度が約50 wt％以上で可視光を選択反射するコレステリック液晶となる．また，その水溶液は低温溶解型の相図を有し，等方性の領域（≦40 wt％）では約40℃以上で白濁化するが，液晶領域ではそれより10〜20℃だけさらに低い曇点（T_c）を示す．本系に無機塩を共存させると，糖鎖のコンホメーションや溶媒和状態に変化が生じるため，イオン雰囲気の種類と程度に応じてコレステリックピッチ（P）は増減し，相分離温度の指標であるT_cも昇降する．たとえば塩構成イオンが1価の場合，「P減少，T_c降下 ← $Cs^+<K^+<Na^+<Cl^-<Li^+\leq Br^-<$(non ion)$<NO_3^-<I^-<SCN^-$ → P増大，T_c上昇」のような定序性に従って変動する（Nishio et al., 2002）．図11.10（a）に例示したように，共存させるカチオン/アニオン種の組み合わせを適宜選択することにより，液晶系を所望の呈色状態・透明度に制御できる．

HPC/塩イオン共存系に電界を印加する試料セルとして，2枚のガラス板間に不活性電極対をスペーサーにして溶液を封入するタイプ（H型セル）と，透明ガラス電極/カーボン電極板間に溶液を挟み込むタイプ（V型セル）が考案された（Chiba et al., 2003）．前者のH型方式では，図11.10（b）に一例を示したように，初期には一様な色付きを呈した液晶が，電場印加後の時間経過とともに陰極側で短波長色への，陽極側で長波長色への呈色変化を起こし，一連のカラーグラッデーションを形成する．カチオン・アニオンの対極への電気泳動効果によって

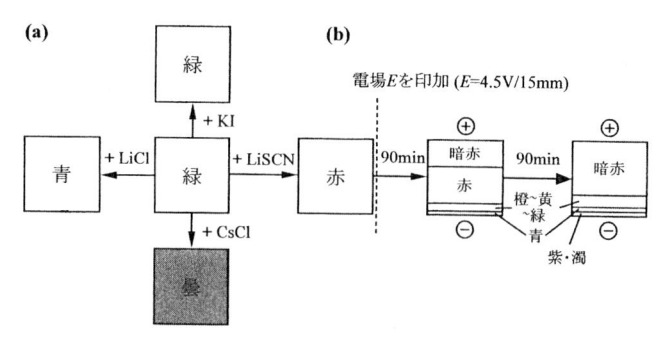

図 11.10 セルロース誘導体 HPC/塩水系液晶のクロミック現象（HPC：62.5 wt%；塩：0.5 M）
（a）共存塩イオンの効果，（b）H 型セルを用いた新しい電気光学素子（0.5 mm 厚のカーボン電極使用）

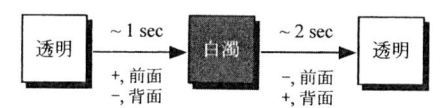

図 11.11 V 型セルを用いた新しい電気光学素子（HPC：40 wt%，LiCl：0.5M）

イオン濃度の分布変動が誘起され，これに同期してコレステリックピッチも変化したことによる．曇点降下剤として有効に働くカチオンを適度な濃度で共存させる場合には，透明度の局所変化を付随させることも可能であり，とくに V 型方式では，透明溶液の全面を電界印加とともに白濁させ遮光することができる．図 11.11 には，室温下で視野全面の「透明⇄白濁」高速変換を可能にした一例を示す．この場合，白濁化は陰極近傍で起こるが，視野方向とイオンの移動する方向が同じであるため，系全体が白濁しているように見えるわけである．〔西尾嘉之〕

文　献
1) Chiba, R. et al.（2003）．*Macromolecules*, **36**(5)：1706.
2) Guo, J.-X. et al.（1994）．Cellulosic Polymers, Blends and Composites（Gilbert, R. D. ed.），pp. 25-94, Carl Hanser.
3) Nishio, Y.（1997）．*Cellulose Commun.*, **4**(2)：65；Nishio, Y. et al.（1998）．*Macromolecules*, **31**(7)：2384.
4) 西尾嘉之，他（2000）．セルロースの事典（セルロース学会編），pp. 263-280，朝倉書店.
5) Nishio, Y. et al.（2002）．*Polym. J.*, **34**(3)：149.

11.7 カーボンナノ材料

有機物を無酸素条件で熱すると黒コゲ＝炭素になる．黒くなるのは C＝C の 2 重結合がたくさんできて導電性になるためで，最終的には六角形のパターンをもつ炭素網面（グラフェン面）が積層した結晶＝黒鉛（グラファイト）になる．黒鉛には軽くて丈夫，耐熱性，導電性などの特性があり，黒鉛繊維（カーボンファイバ）は航空機，スポーツ用品などに不可欠の高強度材料である．またグラフェン面が湾曲して球になったものがフラーレン（サッカーボール分子），円筒状になったものがカーボンナノチューブである．これらは金属微粒子の上に気相から炭素原子が堆積してできるもので，いろいろな面白い性質を示すので「ニューカーボン」として注目されている．

これらに対して，セルロースからの熱分解炭素にも新しい形が最近見つかった．天然セルロースの基本単位は結晶性の微細繊維であり（図 11.12），炭化してもその構造を引き継ぐはずである．しかし熱分解は原子間の結合の組換えを伴う激しい反応なので，通常のやり方ではセルロースの繊維状単位は壊れて融合し不定形の塊になる．そこで私たちは乾燥法を工夫して（溶媒置換乾燥，急速凍結乾燥），天然セルロースの微細構造を維持した炭素材料を作り出した．

ナノフィブリルの中では，黒鉛構造が繊維に平行に発達しており，元のセルロースの結晶構造を引き継いでいることがわかる．このような構造は天然黒鉛（グ

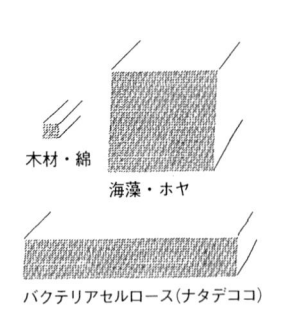

図 11.12 天然セルロースの微細繊維単位のいろいろ
斜めの小さな線が分子の断面をあらわす．

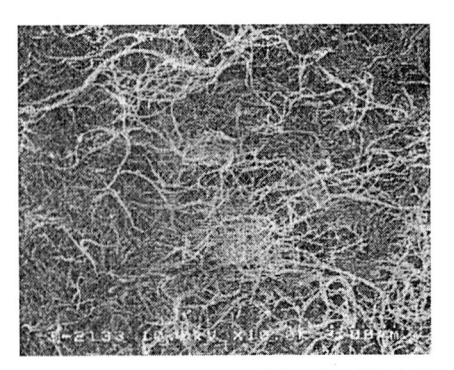

図 11.13 ホヤセルロースからのカーボンナノフィブリル

ラフェン面が大きく広がっている），既存の炭素繊維（結晶性は高いが微細繊維の単位はない），あるいはフラーレン・ナノチューブ（網面が閉じている）のいずれとも異なる．この炭素がもつ性質の解明は始まったばかりだが，次のような特徴と応用が予想される．

① グラフェン面の端が露出した面（エッジ面）が大きく露出しているので，層間化合物を作りやすい．層間化合物とは積層したグラフェン面の間に他の分子やイオンが入り込んだ錯体で，リチウムイオン電池はこの現象を利用してエネルギーを蓄えている．したがってエッジ面割合の大きいカーボンナノフィブリルはこのような電極材料に適している．

② グラフェン面は非常に平滑・疎水性なので一般に接着性が悪いが，エッジ面は共有結合が途切れているので接着性がよい．したがってナノフィブリルはコンポジット材料の強化要素に適している．

黒鉛化していない炭素にも重要なナノ材料がある．吸着用活性炭は 1,000 m^2/g 以上という大きな比表面積をもつが，これはセルロースなどからの低温処理炭素に賦活という処理によってナノメートルオーダーの孔を多数あけたものである．この孔の内面はいろいろな分子を吸着するが，孔が小さいので多層吸着は制限される．セルロースからのカーボンナノフィブリルの比表面積は現状では数百 m^2/g 程度であるが，その大部分が外部に開いており，吸着特性が異なる．そのためキャパシタ電極や燃料電池用触媒担体などの応用が期待される．〔空閑重則〕

11.8　セルロースからお酒をつくる

酒には，果実に含まれる糖類を発酵させたもの（果実酒）と，穀物に含まれるデンプンを糖化し，その糖を発酵させてアルコールを得たもの（穀物酒）の2タイプがある．セルロースは，デンプンと同じようにグルコースで構成される高分子であり，セルロースもグルコースに分解してから，酵母で発酵させれば，セルロースから酒をつくることは可能である．しかし，人類は長い歴史の中で，さまざまな酒を生み出してきたにもかかわらず，身の回りに大量に存在していたセルロースを原料としてこなかった．それは，草や木材に含まれるセルロースをグルコースへ変換することができなかったからだと思われる．セルロースは草や木材

の中では，リグニンに囲まれていて，そのままでは，グルコースに変換することが非常にむずかしく，自然発酵することもない．したがって，世界中どこを探してもセルロースを原料とする酒は，生まれてこなかった．しかし，人類が石油の存在に気づき，産業が石油を利用し始めた頃，石油が非常に高価だった時代，セルロースを原料とするエタノールが燃料として生産されることになり，セルロースの加水分解工業が開花することになった．ところが，20世紀後半は，原油価格が驚くほど低下し，エタノールが燃料として顧みられることはほとんど無くなり，セルロースの加水分解工業は，短命に終わることとなった．しかしながら，21世紀を迎えて，地球温暖化ガスである二酸化炭素の排出量抑制の要請からバイオマス燃料としてセルロースを原料とするエタノールが再度注目されてきている．つまり，21世紀こそが「セルロースからお酒をつくる」時代なのである．

　セルロースは，デンプンと同じグルコースを基本単位とする高分子であるが，デンプンが α-1,4結合から成るらせん状構造をとるアミロースとアミロース鎖が α-1,6結合で連結し，房状構造をとるアミロペクチンから構成されているのに対して，セルロースは，β-1,4結合から成る直鎖状構造をとり，セルロース分子鎖間で水素結合を形成し結晶となり，ミクロフィブリルを形成している．この違いにより，デンプンは熱水中で膨潤，糊化し溶解するのに対し，セルロースは水にまったく不溶である．そのため，リグニンの有無によらず，デンプンに比べて，セルロースの糖化は非常にむずかしい．したがって，主なセルロースの糖化法である酸糖化では，かなり強力な分解反応が必要とされ，酵素糖化では，数日にも及ぶ分解時間が要求される．

　酸糖化反応は，主に硫酸を用いたプロセスが実用化されており，希硫酸法と濃硫酸法の2つが代表的である．希硫酸法は，酸濃度0.1～2%，温度130～240℃，反応時間数分で行われる．この反応ではセルロースからグルコースへの分解と生成したグルコースの過分解反応が起こり，分解時間が長くなるにしたがって，過分解の比率が増大する．そこで，分解時間を制御できる連続式反応装置の改良が進められている．濃硫酸法は80～85%の硫酸により室温で数分間反応させ，セルロースを膨潤・非晶化する主加水分解と，それに続く硫酸濃度5～10%，100～140℃で数分間の反応により，完全に単糖化する後加水分解の2つのプロセスで構成される．濃硫酸法は希硫酸法に比べグルコース収率が高い反面，硫酸使用量が非常に大きく酸の回収・リサイクルに課題が残されている．酸糖化反応で副

産物として生じる単糖の過分解産物は，エタノール発酵効率を大きく低下させるため，過分解反応を抑制することは，収率，後工程の両面から重要なポイントである．

セルラーゼを用いる酵素糖化の反応性は，セルラーゼのセルロースへの接触機会に依存するため，酵素とセルロースの接触機会を大きくする前処理工程が糖化効率を上げるために非常に重要である．したがって，セルロースのフィブリル構造を分散化し，結晶化度を低下させるなどの，セルロースの比表面積を増加させ，セルロース分子鎖間の結合を弱めるような前処理が必要である．現在，酵素糖化前処理として，蒸煮・爆砕法，希酸前処理法など多くの提案がなされている．前処理後，酵素液を注入し，適温（～50℃）で数十時間反応させ，糖液を分離回収する．酵素糖化反応は，酸糖化に比べて，温和な条件で行われるため，環境負荷の少ないプロセスとして期待されている．

こうして得られたグルコースは，アルコール発酵によりエタノールへ変換される．これで，セルロースからお酒がつくられたことになる．飲料用に使うには，味わいや風味が足りず，適していないかもしれない．しかし，これからのエネルギー資源としては，非常に有望な「お酒」である．

〔野尻昌信〕

11.9 高温高圧水蒸気で形状記憶

これまでセルロース系繊維は吸湿性や染色性，非帯電性など衣料用の繊維として優れた特性をもっているが，洗濯により収縮し，形態安定性が悪かった．セルロースは水酸基を多くもち，非晶領域は水の影響を受けやすいが，大部分は水素結合によって強く結晶化しているために熱に対して安定で耐熱性が高く，合成繊維とは違って熱セットが困難である．これまでセルロース系繊維の形態安定加工としてはホルマリンや液体アンモニアおよび各種樹脂を用いて行われているが，形状の固定が不十分で，劣化を伴い，人体や環境に悪影響を及ぼすなどの問題点があった．われわれはこれまで高圧水蒸気を用いた爆砕処理による木材からのバイオマス変換の研究から高圧水蒸気処理によってセルロースの結晶化度が向上するとともに，結晶形態がより安定な形態に転移することを明らかにし，木材の曲げや圧縮変形が水蒸気で固定できることを見出し，高圧水蒸気による木材の圧縮成型加工の開発を行ってきた．この木材の変形固定のメカニズムを詳細に検討す

表 11.3 水蒸気処理レーヨンの保持率と強度変化

		比較例		実施例								
		1	2	1	2	3	4	5	6	7	8	9
処理条件	圧力（kg/cm²）	—	1.5	3	3	5	5	8	8	13	13	19
	温度（℃）	—	110	132	132	151	151	170	170	190	190	200
	時間（分）	—	10	2	10	2	10	2	10	2	10	2
捲縮数（個/25 mm）		0	2.5	4.4	4.5	4.7	5.1	5.3	5.5	5.9	6.2	6.0
保持率（%）		0	52	77	79	82	89	91	95	100	100	100
伸縮率（%）		11.0	15.3	23.5	26.5	35.5	39.0	46.5	44.0	42.5	41.5	40.3
保持率（%）		16.0	22.3	34.3	38.6	51.7	56.9	67.8	64.1	62.0	60.5	58.7
乾強力（g）		1,360	1,400	1,440	1,520	1,467	1,450	1,300	1,230	1,130	994	970
乾伸度（%）		20.3	20.0	19.7	22.0	21.0	20.4	19.3	18.2	18.4	19.1	18.1
総合評価		×	×	○	○	◎	◎	◎	○	△	△	×

るため，セルロースのみからなるレーヨンやコットン繊維を用いて形状固定化機構の解明を試みた．高温高圧の水蒸気はセルロースミクロフィブリル内に浸透し，変形によって歪のかかったセルロースミクロフィブリルの非晶領域を部分的に加水分解し，内部応力を緩和するとともに，変形された状態で非晶が結晶領域へ熱再配列し，結晶化度を向上させ，さらに結晶形態をI_α型からI_β型へあるいはⅡ型からⅣ型へと，より安定な形態へ結晶の組み換えが起こり，セルロース系繊維の形態安定性や防皺性が改善され，水蒸気のみのエコプロセスによる新しい繊維の加工法が開発された．

　レーヨンの筒編みニットを110〜200℃で2〜10分間水蒸気処理し，解編して水に浸けたときのクリンプ形状の保持率および強度を表11.3に示す．無処理ニットは水浸漬により完全にクリンプが消失するが，190℃で2分水蒸気処理したものはクリンプを完全に固定している．この糸を引き伸ばしてドライングセットし，これを再度水につけるともとのクリンプ形状に完全に回復する（図11.14）．すなわち，クリンプのついた状態が最も安定な状態に変化したのである．また布地の折り目のパーマネントセット，寸法安定性や防皺性の改善，三次元加工など繊維の種々の改質加工が可能である．

　このように形状記憶のメカニズムはセルロースの結晶化や結晶形態の変化に起因している．一方，水蒸気処理によるセルロースの結晶化度の増加に伴って繊維内部の微細孔がいちじるしく減少し，繊維の乾燥性は向上するものの染色性が低下する．これを改善するために水蒸気処理前に繊維を濡らすことによって染料の

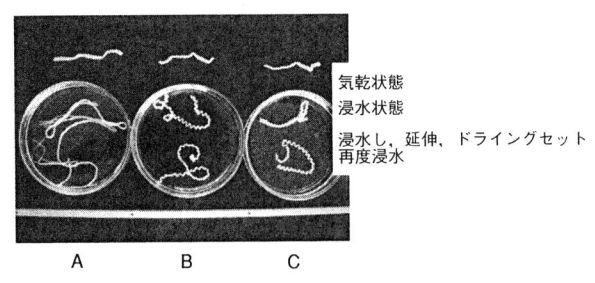

図 11.14 高圧水蒸気処理レーヨンニットデニット繊維の形状記憶実験
A：未処理，B：150℃ 2 分処理，C：100℃ 2 分処理．

入れない微細孔は結晶化し減少するが，染料の入ることができる分子量で数百から千付近（直径で数 nm 程度）の細孔は維持でき，染色性も向上する．このように高圧水蒸気処理は木材の圧縮成形加工とともに，セルロース系繊維の形状記憶・改質法として実用化が始まっている．

〔棚橋光彦〕

11.10　粉砕処理で成形材料

　身のまわりにある成形材料・成形品といえば，プラスチック製品が思い浮かぶ．その原料となるプラスチック樹脂の年間生産量は 1,400 万トン以上ある．一方，セルロースからの工業製品といえば紙製品であるが，その生産量は，年間 3,000 万トンあり，プラスチック樹脂よりもはるかに多い．

　セルロース分子は強固な水素結合により集合しており，水やアルコールなど一般的な溶媒には溶解しない．また，非熱可塑性ポリマーでありプラスチック樹脂のように熱を加えて溶融することもできない．そのため，利用の歴史が長いにもかかわらず，主要な工業製品は紙やレーヨン繊維などに限定されている．セルロースがポリエチレンなどのプラスチック樹脂のように，加熱により成形加工することができれば，その用途は大きく展開できるはずである．

　最近，セルロースと合成ポリマーとを溶媒を用いることなく固体状態のまま混合粉砕すると相溶化した複合体が得られ，さらにプラスチック樹脂のように加熱成形が可能であることが見出された (Endo *et al.*, 1999；遠藤ら，2000)．セルロースと親和性の高い熱可塑性ポリマーを 5〜20% 程度添加して粉砕すると，数 μm 程度のセルロース微粒子の集合体が得られる．この集合体では，マクロ的に

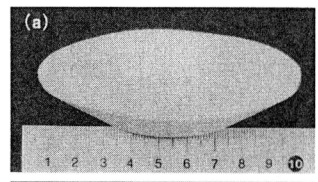

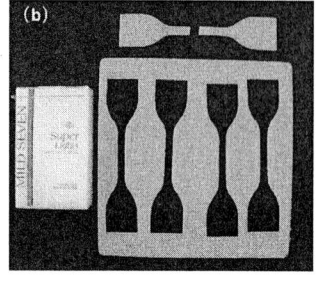

図 11.15 粉砕により得られたセルロース系ポリマーアロイからの成形体
a：80% セルロース－20% ポリエチレングリコール，b：60% セルロース－40% ポリエチレン.

はその微粒子の周囲は熱可塑性ポリマーで覆われている．ミクロ的には，熱可塑性ポリマーはセルロース分子と水素結合形成を介して結合し，そのミクロフィブリルの周囲や表面に分子レベルで複合化した新規なポリマーアロイとなっている．

このセルロース系ポリマーアロイでは，熱可塑性ポリマーの割合が 20% 程度の場合，プラスチック樹脂のような熱可塑性を発現して立体成形ができる（図 11.15a）．これは，生成したポリマーアロイでは，セルロースは微粒子となり，粉体としての流動性が高くなると同時に，分子レベルでセルロースと相互作用している熱可塑性ポリマーが加熱の際に潤滑剤的に作用することにより，非熱可塑性のセルロース成分を多く含有していてもポリマーアロイ全体として熱可塑性を発現して加熱成形が可能になるためと考えられている．

粉砕処理では共有結合を形成することもできる．無水マレイン酸をグラフト化したポリエチレンとセルロースとを混合粉砕すると，セルロースの水酸基と無水マレイン酸基の間でエステル結合が形成される．こうして得られたポリマーアロイでは，生成したセルロース微粒子の表面に，無水マレイン酸基を介してポリエチレンがエステル結合することにより，ポリエチレンマトリックスとの界面相互作用が高くなり微粒子は高度に分散する．この複合化では，無水マレイン酸基のグラフト量は 1% 以下で十分であり，セルロースとポリエチレンのように異質のポリマーからなる複合体でも，加熱成形によりポリエチレン以上の引張強度をもち，耐衝撃性にも優れた成形体が得られる（Zhang et al., 2002）（図 11.15b）．このポリマーアロイではセルロース成分が 50% 以上あっても十分な熱流動性を示すため，汎用樹脂と同様に押出成形や射出成形ができる．

このような粉砕処理によるセルロースの複合化・成形材料化は，その工程で溶剤を必要とせず，原料も精製されたセルロースから木材，それらの加工屑まで，そのまま利用することができる．また，複合化させる熱可塑性ポリマーも，汎用

樹脂や生分解性樹脂，リサイクル樹脂などを用いることが可能で，新規な成形材料化技術，リサイクル技術としての展開が期待されている．

〔遠藤貴士〕

文　献
1) Endo, T. *et al.* (1999). *Chem. Lett.*, **1999**, 1155.
2) 遠藤貴士，他 (2000)．特許第 3099064 号．
3) Zhang, F. *et al.* (2002). *J. Mater. Chem.*, **12**, 24.

11.11　疎水性膜と親水性膜をつくり分ける

セルロース膜はビスコース法によるセロファンと銅アンモニア法によるキュプロファンが代表的であるが，いずれの膜も著しく親水性である．親水性の度合いは一般的に水滴の接触角で計り，接触角が低いほどぬれやすく親水的である．代表的セルロース膜の接触角は 12°前後で高分子素材中もっとも低い．表 11.4 に代表的高分子素材の水滴接触角を示す．同じく主鎖に多数の水酸基を有するポリビニルアルコール（PVA）フィルムの水滴接触角は 40°前後であり，ポリスチレン 80°前後，ポリ塩化ビニルの 60°前後，テフロンの 110°と比べるとたしかに小さいが，セルロース膜の 12°には遠く及ばない．特筆すべきは，セルロース膜がデンプンフィルムよりいちじるしく接触角が小さく，ぬれやすいことである．セルロース膜が，水可溶性で一次構造上の水酸基密度もほぼ同じ PVA より，さらにセルロースと化学組成が同じで，温水可溶なデンプンよりはるかに濡れやすいのはなぜなのだろうか．それはセルロース膜表面の水酸基密度が特異的に高いためと報告されてはいるが，どうして特異的に高くなるのか説明されていない．

第 1 章図 1.4（p.5）はセルロース分子の疎水性部分と親水性部分を示したものだが，グルコピラノースリングにエカトリアルに水酸基が結合しておりこの方向は親水性であるが，アキシャルに水素原子が結合するグルコピラノースリング平面に垂直な方向は疎水性である．このようにセルロースは一次構造的に本質的に疎水性と親水性という二面性を有している．

このように一次構造に異方構造をもつセルロ

表 11.4　各種高分子膜の水滴接触角

	水滴接触角
キュプロファン	12.2°
セロファン	11.6°
デンプン	40.8°
ポリビニルアルコール	39.0°
ポリスチレン	83.0°
ポリ塩化ビニル	62.0°
シリコン	101.1°
テフロン	108.5°

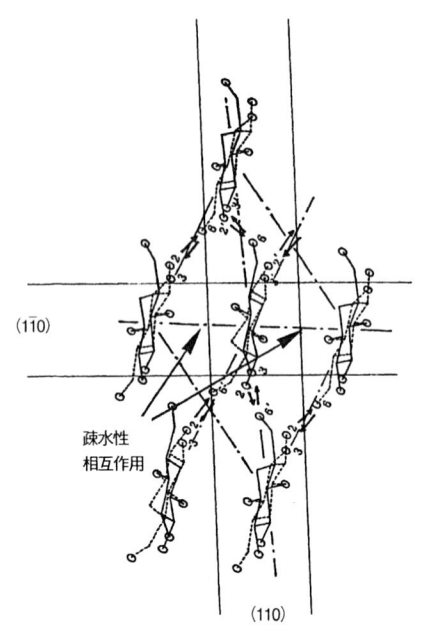

図 11.16 セルロースⅡ型結晶と結晶面

ース分子が，規則正しく配列したら，いちじるしい異方的性質が発現してもおかしくはない．図 11.16 に再生セルロースの結晶型であるセルⅡ型の単位胞を示す．($1\bar{1}0$) 結晶面はグルコピラノース平面が疎水性相互作用を介して接している結晶面で，グルコピラノースリングは ($1\bar{1}0$) 結晶面表面にほぼ垂直に位置している．水酸基はグルコピラノースリングにエカトリアルに配置しているので，($1\bar{1}0$) 結晶面表面の水酸基密度は高くなる．ここが第 1 章の図 1.4 に示した親水性部分の集合体といえる．

セルロース膜は，実はこの ($1\bar{1}0$) 結晶面が膜面に平行に面配向しているのである．最も水酸基密度の高い結晶面である ($1\bar{1}0$) 面がフィルム表面に平行により面配向しているセルロース膜はいちじるしく表面ぬれ性が高い構造となり，高分子素材では最もぬれやすい親水性表面が発現する．

構造異方性の結果，特異的に濡れやすい親水的性質が発現したわけであるから，必然的に生ずる逆の側面，すなわちセルロースは本質的に疎水的性質を有している．セルロースが疎水的性質をもつことは，たとえば，ヘキサンやベンゼンなどの非極性溶媒で大きく低温シフトする緩和ピークが存在すること，ごくわず

かのセルロースによりシリコンオイルや炭化水素類が容易に水に懸濁すること，ヘキサンやベンゼンがセルロースに強く収着されることなどから実験的に確認されている．($1\bar{1}0$) 結晶面が親水面とすれば（110）結晶面は疎水性面である．それぞれの結晶面の表面張力を計算機により求めると，親水面である（$1\bar{1}0$）結晶面の表面張力は 42.0 mN/m であり高分子素材中で最も高い（親水性）である．これに対し疎水性である（110）結晶面の表面張力は 19.8 mN/m でありテフロン並に小さい（ぬれにくい）値である．このような疎水面がセルロース膜の表面に面配向すれば疎水性のセルロース膜が得られるはずである．このような極端な構造は，いまだ得られてはいないが，熱処理や低極性溶媒による表面処理，低極性溶媒―凝固系による構造形成などによりやや疎水性が付与されたセルロース膜は得られている．

現在のセルロース膜は膜表面だけでなく内部表面も親水性で，水に対して影響を受け過ぎる．再生セルロースはその親水性の高さから，10.2 節に示したようなさまざまな日用品，衣料品，人工透析膜，ウィルス除去膜などさまざまな用途に使用されてはいるが，水による物性の低下，生体適合性の低さなど，水ぬれ性の高さに起因する問題を抱えている．もし，構造制御により親水性・疎水性を制御できれば新しい再生セルロース産業をつくりだせる可能性がある．　〔山根千弘〕

11.12　化学的なセルロース合成

セルロースはブドウ糖（グルコース）が直鎖状に連なった非常に分子量の大きい化合物（高分子）である．グルコースを分子式で表すと $C_6H_{12}O_6$ であるが，セルロースはグルコースどうしが結合する際に水 1 分子が脱離した化学構造をとっており，$(C_6H_{12}O_6 - H_2O)_n + H_2O = (C_6H_{10}O_5)_n + H_2O$ と表すことができる．このセルロースを人類は衣料品，紙，建築材料などとして古くから使ってきた．最近は，化石資源から製造される化学製品が広く世の中で使われているが，地球温暖化問題がクローズアップされるにつれ天然材料であるセルロースは再生可能資源として再び注目されている．

一方で，セルロースの応用研究の方がその基礎研究よりも進んでいるという事実があった．セルロースは人類にとってとても身近な化合物であるにもかかわらず，驚くべきことにその化学合成という課題は最近まで達成されていなかった．

(1→4)結合　　　　　　　　　　　　　　β-結合　　α-結合

図 11.17

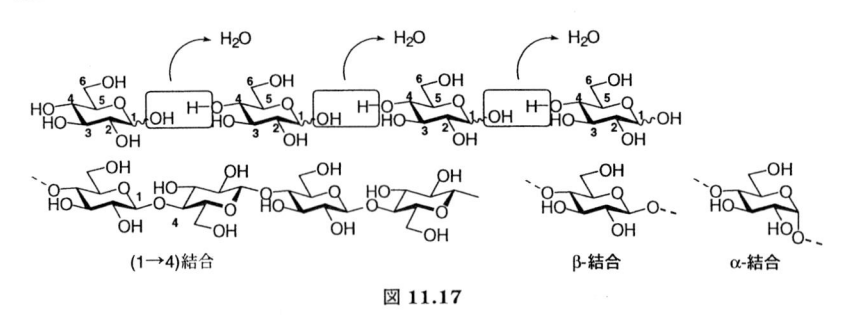

　天然物化学の分野では，新規化合物が発見された場合その構造を確認の後，その化合物を有機化学的に合成し分析データを一致させてはじめて一連の研究が完結するといえる．

　セルロースの構造上で重要な点が2つある．第1点目はグルコースどうしの結合位置である．グルコースの6つの水酸基（図11.17）のうち，セルロースは1位と4位の2つの水酸基から1つの水分子が取れて結合している（脱水縮合）．これを1→4結合と呼ぶ．第2点目は1位の水酸基の向きである．D-グルコース環から平行に水酸基が結合している場合をβ結合，垂直に結合している場合をα結合と呼び，(1→4)-β結合はセルロース，(1→4)-α結合はアミロース（デンプンの構成成分）となる．セルロースを化学的に合成するためにはこれら2点を同時に達成しなければならない．

　われわれの戦略は重合法によって多くのグルコース単位を一気に繋げるというものであった．先に述べたとおり，繋がるべき1位と4位の水酸基以外は反応に関与しないよう適切に隠す（保護する）必要がある．3位と6位にはベンジル基（エーテル保護基）を，2位にはβ結合を惹起するピバロイル（トリメチルアセチル）基（エステル保護基）を用いた．グルコース (**1**) から官能基の変換により得たグルコース誘導体 (**2**) は1位と4位に水酸基をもつが，重合反応前に分子内から1分子の水を除く．すると，図11.18のような籠形の分子，グルコースオルトピバレート誘導体 (**3**) が生成した．

　この化合物を高真空下で十分に乾燥し，有機溶媒（メチレンクロライド）中で開始剤を加えると開環重合反応が進行した．この重合物を反応後精製し核磁気共鳴（NMR）装置により構造を確認したところ，立体規則的な多糖 (**4**) が生成しセルロース誘導体が生成した可能性が十分に高いことがわかった．しかし，より確実に構造を決定するために，保護基の変換によりアセチル誘導体 (**5**) を合成

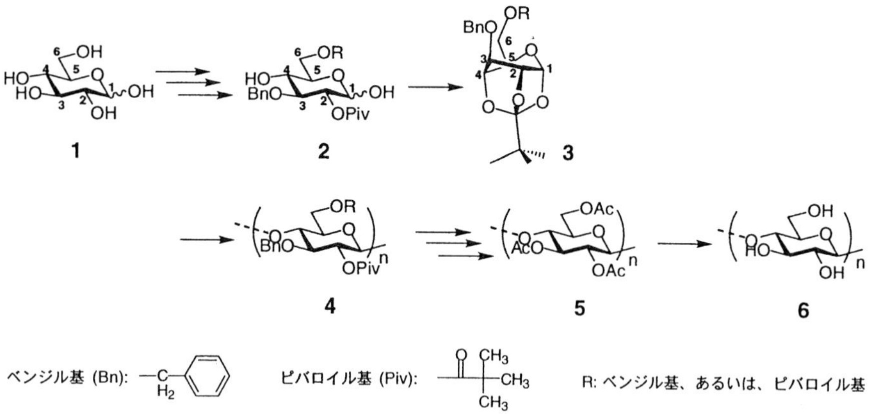

11.12 化学的なセルロース合成

図 11.18

し，天然セルロースから変換されたセルロースアセテートと構造を比較検討した．その結果，両者のスペクトルはよく一致し，グルコースから開環重合によりセルロース誘導体が生成したことが確認された．さらに，化学合成セルローストリアセテート (**5**) のアセチル基を脱離させ化学合成セルロース (**6**) へと変換した．そのエックス線解析を行ったところ，再生セルロースの回折図と同様の回折図が得られたことから，グルコースから出発して確かにセルロースを化学的に合成できたと結論づけた (Nakatsubo et al., 1996).

これまでに述べた化学的なセルロース合成法は単にセルロースを合成できるだけでなくさまざまな工業的に重要なセルロース誘導体のモデル化合物合成法となりうる．天然のセルロース資源から変換されるセルロース誘導体は分子内，分子間，無水グルコース単位内で不均一に修飾されている．この不均一性がセルロース誘導体の物理的・化学的性質を左右している．化学的にグルコースから合成された位置特異的置換セルロース誘導体はこれらの不均一性をもたないため，これまでにない性質をもつセルロース誘導体がもたらされる可能性がある．

1つのグルコース単位には2，3，6位の3つの水酸基が存在するが，この置換様式には8つの可能性がある（図11.19参照）．新しく開発した合成法を用いれば，これらすべてを合成することが可能である．その一例として，一連のメチルセルロース誘導体を合成した (Karakawa et al., 2002)．工業的に生産されているメチルセルロースは高温ゲル化など興味深い性質をもつセルロース誘導体である．今後，グルコースから化学的に合成されたセルロース誘導体により，セルロ

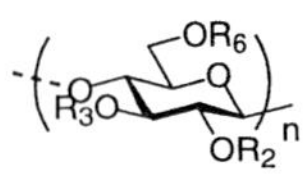

メチルセルロース誘導体

	1	2	3	4	5	6	7	8
R_2	Me	Me	Me	H	Me	H	H	H
R_3	Me	Me	H	Me	H	Me	H	H
R_6	Me	H	Me	Me	H	H	Me	H

図 11.19

ース誘導体の基礎的な性質が明らかにされるだけでなく，新規なセルロース誘導体の開発につながることが期待されている．

〔上高原 浩〕

文　献

1) Karakawa, M. *et al.* (2002) *J. Polym. Sci. Part A. Polym. Chem.*, **40** : 4167-4179.
2) Nakatsubo, F. *et al.* (1996) *J. Am. Chem. Soc.*, **118**, 1677-1681.

11.13　透明セルロースゲルの秘密

　セルロース固体は非溶融性であり，大変親水的な分子鎖骨格を有していながらも非水溶性であり，多くの汎用の有機溶媒にも不溶である．こうしたセルロース製品の製造上の制約を払拭するためにさまざまな提案がなされてきた．

　最近開発された透明セルロースハイドロゲル（TCG）は，ナノサイズにまで微小化されたセルロースの水分散体である（Ono *et al.*, 2001）が，透明な分散体であって，条件によって安定なゲルを形成する点が大きな特徴である（図11.20）．セルロースの微粒子が水に分散した材料であり，乾燥させると硬く透明な膜または樹脂状の固体となる．バルクおよび表面構造的に化学修飾されていない純粋なセルロースから成ること（天然性），微粒子表面にはセルロースに由来する多数の水酸基を有するため，非イオン性の多くの極性化合物と引力的な相互作用をもち，各種水系組成物において優れた分散安定性を有すること（分散安定性），微粒子がゲルを構成することにより，たとえばゲルの状態でスプレー噴霧が可能となる（小野・天川, 2002）など，他の水性ゲルにない特徴をもつこと（ユニークなレオロジー特性）から化粧品原料をはじめとする水系製品の基材または添加剤としての展開が期待される新しい材料である．

　以下に TCG の製法上，物性上の特徴について，簡単に説明する．

1）TCG の製法

　TCG は，① 精製パルプのようなセルロース原料を 60 wt% 以上の硫酸水溶液

11.13 透明セルロースゲルの秘密

図 11.20 2.0 wt%の固形分率をもつTCG（左）と同濃度の超微細化MCC/水サスペンジョン（右）

平均粒径TCG：0.16 μm，微細化MCC：0.12 μm．TCGは透明であり，逆さまにしても落下しない完全なゲルである．

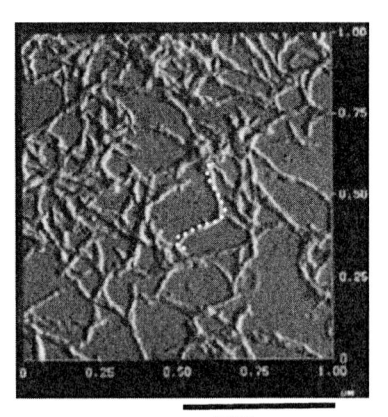

図 11.21 希薄TCGサスペンジョンをガラス上にキャストして得たサンプル表面のAFM像（点線部が基本粒子に相当）

中に低温で溶解し，② これを水中で再沈殿することによりフロック状物が希硫酸中に分散した分散物を得，③ これを加温してフロックの加水分解処理を施し，④ 濾過，水洗をくり返してセルロース/水分散体へ置換した後，⑤ 適度な固形分濃度に水で希釈，分散し，最後に超高圧ホモジナイザーによる高度粉砕処理を施して得られる．製法上の大きなポイントは，③ の酸加水分解処理による化学的なセルロースの微細化と ⑤ の高度粉砕による物理的な微細化を組み合わせている点である．しかし以下に述べるように，これら以外の工程もTCGのユニークな物性発現に大きな意味をもっている．

2）なぜ透明？

1つは粒子サイズが小さいことが挙げられる．原子間力顕微鏡（AFM）で見たTCGを構成する微粒子の写真を図 11.21 に示す．微粒子同士の会合が認められるが，点線（白）で示した部分が1本の基本粒子に相当する．つまり，太さが10～15 nm，伸びきり長さが数100 nmの繊維状の微粒子から成る．しかし，これだけでは透明にはならない．TCGの微粒子がきわめて低い結晶化度を有しており，屈折率が高結晶性の粒子よりも低く，媒体である水との屈折率差が小さいことが透明性に必要な条件と考えている．低結晶性は製法の工程2でコントロー

ルしている．高結晶性のセルロース（たとえば結晶セルロース（MCC））を3以降の工程で処理しても透明な分散体は得られない（図11.20）．

3) なぜゲルになる？

微粒子同士がきわめて容易に水素結合を介した会合を作り，これが三次元的に発達してネットワークを形成し，ゲル的な性質が現れる．しかし，一方で，こうした引力的な粒子間相互作用だけでは安定なゲルとはならず，これに拮抗する適度な反発力がバランスしている．反発の原動力は，セルロース表面に由来するマイナスの表面電位（中性域で約 -30 mV のゼータ電位）である．これを制御しているのは工程2の酸加水分解工程であって，この条件を厳しくすると表面のスルホンエステル化が進み（Revol et al., 1992），マイナス荷電間の反発効果がより大きくなり，ゲル的な性質は失われる．また TCG の pH を下げて表面電位を見かけ上ゼロ（等電点）にしても強い凝集によって一気に透明性は失われ，ゲル的な性質も失われる．TCG のゲル特性を理解する際，こうした静電的相互作用の存在はきわめて重要である．

〔小野博文〕

文 献

1) Ono, H. et al. (2001). Trans. Mat. Res. Soc. Jpn., **26** : 569.
2) 小野博文・天川英樹 (2002). 第13回ゲル研究討論会予稿集, p. 49.
3) Revol, J. F. et al. (1992). Int. J. Biol. Macromol., **14** : 170.

11.14 高粘度水溶液をつくる疎水化水溶性セルロース誘導体

セルロース誘導体の中に，水溶性のものに極少量の疎水基を有する誘導体がある．これは一般に，hydrophobically modified water-soluble polymers（疎水化水溶性ポリマー）と分類されており，セルロース誘導体のほかにも合成高分子，天然高分子由来のものがある．これらのポリマーに関して，1980年代後半から水溶性ポリマーの用途を広げる目的で研究が盛んになり，その後，増粘剤，高分子界面活性剤，医用材料などとして実用化したもの，あるいは実用に向けた技術発展を遂げているものが数多くある．セルロース由来のものとしては，水溶性の誘導体であるヒドロキシエチルセルロース（HEC）やエチルヒドロキシエチルセルロース（EHEC）などに長鎖アルキル基を疎水末端として導入したものが開発されている（Shaw and Leipold, 1985；Um et al., 1997）．ここでは，HEC に疎水

11.14 高粘度水溶液をつくる疎水化水溶性セルロース誘導体

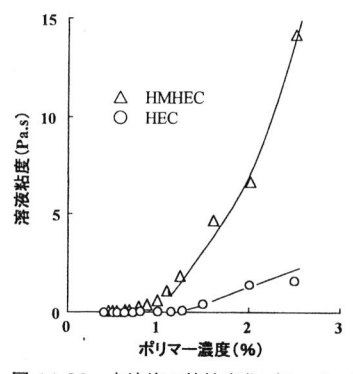

図 11.22 水溶液の粘性変化（Tanaka et al., 1990）

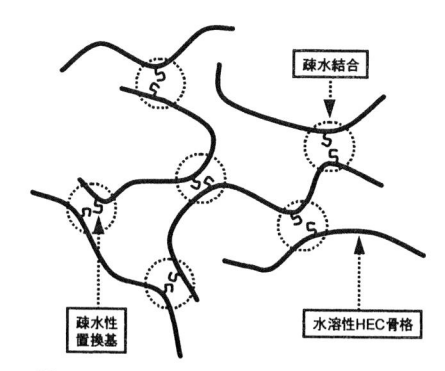

図 11.23 HMHEC水溶液中の疎水基会合状態（Tanaka et al., 1990）

基を導入した疎水化ヒドロキシエチルセルロース（HMHEC）を例に挙げ，その性質などについて述べることとする．

　HMHECをはじめとする疎水化水溶性ポリマーは，基本的に水溶性でありながら少量の疎水基をもつために，水溶液中で従来の水溶性ポリマーには見られない特異な性質を示す．図11.22はHMHEC水溶液の粘性をその母体となるHECの場合と比較したものである（Tanaka et al., 1990）．図示のとおり，1～2.5％の濃度範囲では，HMHEC水溶液はHEC水溶液の2～7倍程度の粘性をもつ．両者の分子量が同等であることから，大幅な粘度増加は疎水基の存在によるものであることが明らかである．なお，このHMHECサンプルには，疎水基としてC$_{12}$～C$_{18}$の長鎖アルキル基を，全体の1～2重量％程度含むものである．こうした粘性の向上は，図11.23に示すような分子間に起こる疎水基どうしの結合が存在するためと考えられる（Tanaka et al., 1990）．

　疎水化水溶性ポリマーは，水溶液の粘度上昇のほかに高分子界面活性剤としての機能をもつ．たとえば，ラテックス（乳液）など水中に疎水性粒子が混在している場合，そこにHMHECを加えることにより液全体を均一に混合できる．ラテックス粒子に対するHMHEC分子の吸着状態を観察すると，疎水基が粒子表面に結合し，親水性の部分は水分子と結合しやすい状態をとることが証明されている（Tanaka et al., 1992a）．それによってラテックス溶液を均一にしうると考えられている．さらに，HMHECでは水溶液に低分子のアニオン性界面活性剤を適量添加するとゲルを形成する（Tanaka et al., 1992b）．この現象はHECにおい

てはまったく観察されないことから，界面活性剤が HMHEC の疎水基に対して架橋構造を形成するものと考えられている．

このように，HMHEC をはじめとする疎水化水溶性ポリマーは，さまざまな分野においてたいへん有用な材料になる可能性がある．セルロースを出発物質とするこの種のポリマーは，HMHEC など非イオン性のものに加えてイオン性の誘導体も研究されている（Konish and Gruber, 1998）．いずれの場合も，セルロースという出発物質から見ると二次的な誘導体であり，そのことがコスト面において汎用性への問題となりうるが，付加価値の高い分野での応用が可能になれば，セルロースからの新素材として今後が大いに期待される． 〔田中良平〕

文　献

1) Konishi, P. N. and Gruber, J. V. (1998). *J. Cosmet. Sci.*, **49** : 335-342.
2) Shaw, K. G. and Leipold, D. P. (1985). *J. Coatings Tech.*, **57** : 63.
3) Tanaka, R. *et al.* (1990), *Carbohydr. Polym.*, **12** : 443.
4) Tanaka, R. *et al.* (1992a). *Colloids and Surfaces*, **66** : 63-72.
5) Tanaka, R. *et al.* (1992b). *Macromolecules*, **25** : 1304-1310.
6) Um, Suh-Ung *et al.* (1997). *Journal of Colloid and Interface Science*, **193** : 41-49.

索　引

ア行

アカシアマンギウム　15
アキシアル結合　83
アセタール　3
アセテート繊維　88
アセテート膜　122
アセトリシス　61
アノマー　2
アノメリック炭素　86
アビセル　59, 96
網目構造　148
アルカリ　143
アルカリ加水分解　24
アルカリ加水分解反応　63
アルカリ分解　62
アルデヒド基　6
アンモニア処理　43

イス形立体配座　83
位置選択的　89
移動度分布　125
インクジェット用紙　131
インバージョン型開裂　48
インフレーション　79

ウィリアムソン合成　89

エアーギャップ　79
液晶相　151
液晶ディスプレイフィルム　108
液体クロマトグラフィー　129
エクアトリアル結合　83
エクソ型グルカナーゼ　45
エステル化　86
エステル系　114
エーテル化　89
エーテル系　114
エナメル　117
エネルギー資源　18
塩化リチウム/N, N-ジメチルアセトアミド　8
塩素系漂白法　25
エンド型グルカナーゼ　45

音響振動版　149

カ行

開環重合反応　164
カイラルネマティック液晶　91
化学改質　81
化学的なセルロース合成法　165
カセイソーダ　143, 145
可塑化効率　116
可塑剤　116
活性炭　155
カッパー価　24
加熱圧縮成形　98
カーボン　154
紙　130, 137
紙フェノール銅張積層板　134
紙容器　133
過ヨウ素酸　64
カール　108
カルボキシメチルエーテル　116
カルボキシメチルセルロース　51, 66
カルボキシル基　6
環境・資源　1
環境ホルモン　116
還元性末端　4, 63
還元性末端基　83
感光紙用紙　131
乾式粉砕　93
顔料分散性　117

希酸加水分解　57
希釈剤　118
キシラン　22
揮発性溶媒　95
逆浸透膜　105
吸着水分　98
吸着水分量　94
吸着分離剤　129
キュプラ　145
キュプロファン　161
鏡像　128
強度　37
キラル　128
銀スルーホール用紙　135

グラファイト構造　66
クラフト法　23
グリコシド結合　2, 3

グリコシルトランスフェラーゼ　30
グルコース　1, 18, 163
グルコースオルトピバレート誘導体　164
グルコピラノース　2, 161, 162
グルコマンナン　22
クロロホルム　25

形状記憶　157
ケーシング　104
結晶　37, 96
────の弾性率　42
結晶化度　40
結晶構造　41
結晶性　96, 97
ケナフ　132
ゲル　166, 169
ゲル化　144
ゲル状物質　147
鹸化　115
原形質膜　29
原子間力顕微鏡　139

高圧ホモジナイザー　113
高温高圧水蒸気　157
叩解　92
光学異性体　128
光学活性　151
光学活性体　128
光学素子　151
光学的等方性　111
光学補償　111
工業用ニトロセルロース　116, 117
高次構造　148
格子像　139
構成糖分析　59, 60
酵素糖化　157
高耐熱紙　136
高分解能電子顕微鏡　139
高分子界面活性剤　169
黒鉛　154
古紙　18, 137
ゴーシュ-トランス (gt)　42, 85
コレステリック液晶　91
コレステリック構造　151
混合エステル　114

索引

混合粉砕 95
混酸 117
コンボリューション 102

サ行

再凝集 94
サイクリックジグアニル酸 27
サイズ性 7
再生可能資源 18
再生セルロース 58, 74, 103, 107, 122
細胞壁 19, 27, 37
酢化度 87
酢酸菌 27, 146
酢酸セルロース 87
酢酸セルローストウ 120
酢酸セルロース膜 106
酸化 64
酸加水分解 39, 47, 56, 57, 96, 167
三斜晶系 33
酸性サルファイト 23
酸素脱リグニン 23
酸糖化 156

ジアステレオマー 2
ジアステレオメリック相互作用 129
シアノエチルセルロース 142
ジアルデヒドセルロース 64
ジカルボキシセルロース 65
資源ゴミ 133
糸状菌 53
湿式相転換法 106
湿式粉砕 95, 143, 144
シトステロール・グルコース 30
視野角 110
写真用フィルム 88, 108
シャルドンネ 82
重合度 5, 7, 97
重量平均分子量 7
蒸解 23
硝化綿 87
抄紙 92
情報メディア 130
情報用紙 131
触媒ドメイン 46
食物繊維 146
助溶剤 118
シロイヌナズナ 28
親水性 163
親水性膜 161
親水面 163
人造繊維 82

親和性ポリマー 95

水酸化銅エチレンジアミン水溶液 8
水蒸気処理レーヨン 158
水素結合 32, 98, 157, 168
水素結合強度 42
水道用膜 107
水溶液の粘性 169
水和構造 72
数平均分子量 7
スクロース合成酵素 30
スポンジ 104

成型 67, 144
成型技術 75
成型材料 159
製材用木材 16
生体適合性 123
静電的相互作用 168
生分解性 115
接触角度 75
セルラーゼ 45
セルロース I 33, 41
セルロースアセテートブチレート 114, 116, 119
セルロースオリゴマー 61
セルロース結合性 46
セルロース合成酵素 29, 30
セルロース合成酵素遺伝子 27, 28
セルロース III 33, 44
セルローストリアセテート 129
セルロース II 41
セルロースの化学構造 2
セルロース微結晶懸濁液 59
セルロースフェニルカーバメート 129
セルロースベンゾエート 129
セルロースミクロフィブリル 27, 31, 51, 96, 139
セルロース誘導体 126, 166
セロウロン酸 65
セロビオース 53, 61
セロビオースオクタアセテート 61
セロビオース脱水素酵素 53
セロビオヒドロラーゼ 45
セロファン 103, 161
繊維 88, 144
繊維間結合 137
繊維長 10
繊維飽和点 10

相図 79
早生樹 15
相分離温度 153
増油効果 150
相溶化 99, 159
疎水基 168
疎水性 163
疎水性膜 161
疎水的な結合 32
疎水面 163
組成分布 125
速乾性 117

タ行

ダイオキシン類 25
耐銀マイグレーション性 135
脱リグニン 23
脱リグニン漂白 23
タバコフィルター 89, 120
多分散度 7
ターミナルコンプレックス 147
多様性 34
単斜晶系 33
弾性率 71

置換基分布 85, 125
置換度 70, 85, 114
着色塗料 117
中空糸 122
中空糸膜 107
中性糖分析 21
長鎖アルキル基 168
超臨界水 61

低電子線量電子顕微鏡法 139
低分子量セルロース 62
デジタル・データ・ストレージ 119
デジタル・リニアー・テープ 119
テフロン 161
デラミネーション 137
添加物 112
電気泳動法 125
天然資源 18

トウ 120
銅アンモニア 122
銅アンモニア法 76, 145, 161
凍結粉砕 97
透析 122
透析膜 106
動物性セルロース 12

索　引

ナ行前

ドープ　120
塗膜内部白化　118
塗膜表面白化　118
トランス-ゴーシュ (tg)　42, 85

ナ行

ナタデココ　1, 13, 147
ナノフィブリル　154

2回らせん構造　30
乳酸　128
二硫化炭素　76

熱可塑性　160
熱処理　56
熱分解　66
粘度測定　8
粘度平均重合度　8
燃料　16, 18

濃酸加水分解　59

ハ行

バイオマス　1, 12, 15
バイオマス燃料　57
排除体積クロマトグラフィー　8
バガス　132
バクテリア　146
バクテリアセルロース　12, 13, 20
発火点　10
波動の回折　38
パラクリスタル　38
パルプ　16, 132
パルプ化　23
パルプ生産量　17
パルプ繊維　137
バロニアセルロース　20
反応性の違い　89

非塩素系漂白法　25
非還元性末端基　83
非還元末端　5
微結晶セルロース　96, 112
微結晶セルロース粉末　9
非晶　37, 96
非晶構造　74
非晶セルロース　39
微小繊維状セルロース　113
ビスコース　111
ビスコース法　75, 145, 161
ヒドロキシエチルセルロース
　　90, 168
ヒドロキシプロピルエーテル誘導体　152
ヒドロキシプロピルセルロース　90
比表面積　10, 155
非木材植物　12
非木材パルプ　13
非溶媒　74
漂白　23
表面張力　75, 163
表面電位　168
微粒子　94, 166
ピーリング反応　62

ファンデルワールス力　32
フィブリル　79, 92
フォーム用紙　131
付加モル数 MS　90
複屈折　109
複合化　99
複合体　159
複写原紙　131
ブドウ糖　1, 163
プリント配線板　134
フルフラール　59
プロセッシブ型分解　50
粉砕　93
分子シート　32
分子内水素結合　70, 143
分子分散　73
分離膜　105

ヘテロ多糖類　4
ペーパークロマトグラフィー
　　129
ヘミアセタール　3
ヘミセルロース　6, 20
偏光板　39, 109

紡糸　78
膨潤処理　42
包装材料　132
防曇性　115
保水値　10
ホモ多糖類　4
ホヤ　13
ポリエチレングリコール　99
ポリスチレン　161
ポリスルホン　122
ポリマーアロイ　99, 160
ボールミル　93
ボールミル粉砕　94
ホロセルロース　21

マ行

膜タンパク質　29
マーセル化　42, 91
マーセル化セルロース　58
末端顆粒複合体　29, 33
丸太　16

ミクロフィブリル　31, 92, 96
ミクロフィブリル化　113
水希釈型ニトロセルロース　119
密度　10

無水酢酸　117
無水酪酸　117

メチルセルロース　90, 116
N-メチルモルホリン　78, 145
綿花　101
綿花繊維　19
面配向　75

木材　12
木材資源　14
木材繊維　19
木材パルプ　13

ヤ行

ヤング率　148

有機溶媒　67
誘電率　142
ユーカリ　15
油層内プラッギング材　149

溶解温度　144
溶解機構　71
溶解再生セルロース　43
溶解状態　73
溶解性　70
溶解速度　143, 144
溶解用パルプ　17
溶媒和　72

ラ行

ラセミ体　128
ラッカー　117
ラメラ　137

リグニン　6
リサイクル　18, 133, 137
リサイクル資源　18

索引

立体配座　85
リテンション型開裂　48
リボン状のセルロース　147
流下緊張紡糸法　78
硫化ソーダ　24
硫酸　166
流動複屈折法　73

良溶剤　118
リンター　22
リント　22

ルーメン　102

レオロジー　166

レブリン酸　57
レベルオフ重合度　39, 58, 97
レボグルコサン　66
レーヨン　145, 158

濾紙用パルプ　9
ロゼット型TC　29, 33

英語・略語索引

α-セルロース　21
Acetobacter xylinum　27

β-O-4 結合　24
β-グルコシダーゼ　53
β-セルロース　21
BcsA（遺伝子）　28
BcsA（タンパク質）　28
BcsB（遺伝子）　28
BcsB（タンパク質）　28
BGL　53

CAB　114, 116
CAP　126
CBD　46
CBH　45, 52
CDH　53
CEC　142
CesA（遺伝子）　28
CesA（タンパク質）　28, 33
cl-CMC-Na　127
Clostridium　46
CMB　46
CMC　116, 123
　　――の製造法　124
　　――の用途と機能　124
CMC-Na　127

CMEC　127
CMF　27, 31, 33, 51, 96, 139
CTA　108, 114

D,D,D,QxxRW モチーフ　27
DDS　119
DLT　119

ECF 漂白　25
EG　45
EL　141

γ-セルロース　21
gt　42, 85

HEC　90, 168
HMHEC　169
HPC　90, 152
HPMC　126
HPMCAS　127
HPMCP　127

LCD　108, 110
L-HPC　127
LODP　39

MC　116, 127

MCC　127
MEOR　149
milled wood lignin　93
MWL　93

NC　116, 118
NMMO　78
NMR　40

Payen, A.　81
PPC 用紙　131

TC　29, 33
TCF 漂白　25
TEMPO　65
tg　42, 85
Trichoderma reesei　46

UDP-グルコース　30

VOC　119

X線回折　40

Zn フィンガー領域　28

編集者略歴

磯貝　明（いそがい・あきら）
1954 年　静岡県に生まれる
1985 年　東京大学大学院農学系研究科博士課程修了
現　在　東京大学大学院農学生命科学研究科教授
　　　　農学博士

セルロースの科学　　　　　　　　　　　定価はカバーに表示

2003 年 11 月 25 日　初版第 1 刷
2019 年 5 月 25 日　　　第11刷

　　　　　　　　　　　　編集者　磯　貝　　　明
　　　　　　　　　　　　発行者　朝　倉　誠　造
　　　　　　　　　　　　発行所　株式会社　朝倉書店
　　　　　　　　　　　　　　　　東京都新宿区新小川町 6-29
　　　　　　　　　　　　　　　　郵便番号　162-8707
　　　　　　　　　　　　　　　　電　話　03 (3260) 0141
　　　　　　　　　　　　　　　　FAX　03 (3260) 0180
　　　　　　　　　　　　　　　　http://www.asakura.co.jp

〈検印省略〉

© 2003〈無断複写・転載を禁ず〉　　　シナノ・渡辺製本

ISBN 978-4-254-47035-2　C 3061　　　Printed in Japan

JCOPY　<出版者著作権管理機構　委託出版物>

本書の無断複写は著作権法上での例外を除き禁じられています．複写される場合は，そのつど事前に，出版者著作権管理機構（電話 03-5244-5088, FAX 03-5244-5089, e-mail: info@jcopy.or.jp）の許諾を得てください．

好評の事典・辞典・ハンドブック

- 火山の事典（第2版）　下鶴大輔ほか 編　B5判 592頁
- 津波の事典　首藤伸夫ほか 編　A5判 368頁
- 気象ハンドブック（第3版）　新田 尚ほか 編　B5判 1032頁
- 恐竜イラスト百科事典　小畠郁生 監訳　A4判 260頁
- 古生物学事典（第2版）　日本古生物学会 編　B5判 584頁
- 地理情報技術ハンドブック　高阪宏行 著　A5判 512頁
- 地理情報科学事典　地理情報システム学会 編　A5判 548頁
- 微生物の事典　渡邉 信ほか 編　B5判 752頁
- 植物の百科事典　石井龍一ほか 編　B5判 560頁
- 生物の事典　石原勝敏ほか 編　B5判 560頁
- 環境緑化の事典　日本緑化工学会 編　B5判 496頁
- 環境化学の事典　指宿堯嗣ほか 編　A5判 468頁
- 野生動物保護の事典　野生生物保護学会 編　B5判 792頁
- 昆虫学大事典　三橋 淳 編　B5判 1220頁
- 植物栄養・肥料の事典　植物栄養・肥料の事典編集委員会 編　A5判 720頁
- 農芸化学の事典　鈴木昭憲ほか 編　B5判 904頁
- 木の大百科［解説編］・［写真編］　平井信二 著　B5判 1208頁
- 果実の事典　杉浦 明ほか 編　A5判 636頁
- きのこハンドブック　衣川堅二郎ほか 編　A5判 472頁
- 森林の百科　鈴木和夫ほか 編　A5判 756頁
- 水産大百科事典　水産総合研究センター 編　B5判 808頁

価格・概要等は小社ホームページをご覧ください．